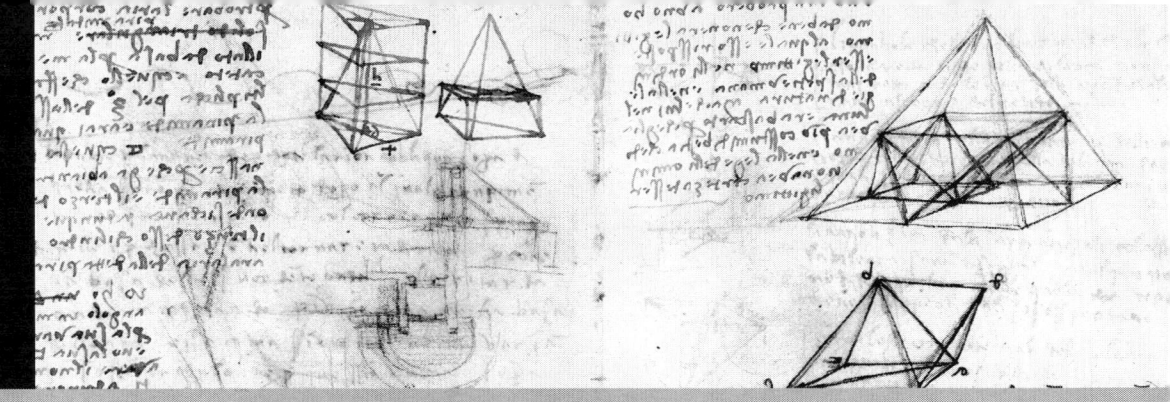

企業社會責任
報告決策價值研究
基於呈報格式和使用者認知的視角

張正勇 ■ 著

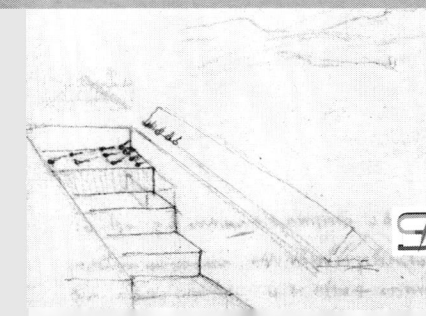

崧燁文化

前 言

　　當前，為集中專門反應企業社會責任，企業社會責任信息披露形式正由過去在財務報告中的敘述性披露，向在財務報告之外編報獨立的企業社會責任報告發展。企業社會責任報告是均衡兼顧了企業財務、社會和環境績效的定性和定量信息的報告，可以間接反應企業社會責任的管理水平和投入水平，反應企業的可持續發展能力和責任風險（GRI，2014）。據畢馬威（KPMG，2015）第9次全球企業社會責任報告調查顯示，在總數達4 500家的45個國家和地區各自的百強企業（N100公司）中，接近3/4報告企業社會責任，而在2013年僅為71%。亞太地區的企業社會責任報告率（79%）趕超其他地區，其次為美洲（77%）和歐洲（74%）。

　　在中國，企業對社會責任的履行也受到越來越廣泛的關注（中國企業家調查系統，2007）。在深交所於2006年9月發布《上市公司社會責任指引》、上交所於2008年發布《公司履行社會責任的報告編製指引》，以及國資委、中國紡織工業協會（CNTAC）、中國銀行業協會（CBA）、中國工業經濟聯合會（CFIE）等機構發布一系列文件鼓勵企業編報CSR（企業社會責任）報告之后，中國企業社會責任報告數量迎來井噴式增長，

2006年已超過歷年總和（23份），此后繼續逐年增長，2011年首次突破千份（1001份），2014年突破兩千份（2032份）。目前，CSR報告在中國已進入全面發展的階段。

毋庸置疑，作為銜接企業和利益相關者溝通的重要「橋樑」，提供對利益相關者有價值的信息，加強企業與利益相關者之間的溝通與對話，是企業社會責任報告的安身之本和永恆主題。通過對一些企業的調研、瞭解后得知，伴隨著企業對企業社會責任趨於認同和支持以及在政府相關政策的推動下，編報企業社會責任報告已經成為企業管理控制重要的、正式的手段。然而，與財務報告具有規範的會計準則約束不同，企業社會責任報告由於其自決性（Reporting Discretion），不存在統一呈報格式，並因企業、任務、決策者不同而不同，導致企業社會責任報告種類繁多、條目凌亂、風格迥異。研究者和使用者們普遍反應，企業社會責任信息雖然重要，但企業社會責任信息內容存在不中肯、不可比、不準確、不清晰、不可靠等問題，不能有效傳遞企業社會責任信息，信息價值亟待鞏固和提高（商道縱橫，2013、2014、2015；吉利等，2013）。國內獨立第三方CSR報告專業評估機構或研究者分析發現，中國企業社會責任信息披露質量近年來雖有一定提高，但仍處於較低水平（社科院企業社會責任研究中心，2015；潤靈環球責任評級，2015）。國際四大會計師事務所畢馬威（KPMG，2015）的調查研究也發現，在全球前250強企業的CSR報告質量方面，中國企業在100分中僅獲得42分，遠低於義大利、西班牙及英國企業（76~85分），亦不及全球平均水平（59分）。

企業社會責任報告一方面為利益相關者的決策所需，另一方面因數量激增而信息價值不高，成為實務界、學術界難題，這恰恰使得研究企業社會責任信息價值作用機理更有必要。然

而，自 Ball & Brown（1968）關於會計信息有用性研究的開山之作面世以來，關於財務會計信息價值及其作用機理的研究可謂由來已久，研究成果也相當豐碩。相較之下，企業社會責任信息很大程度上是企業自願披露的，是企業管理層對信息使用者的選擇性信息提供，是企業管理層與利益相關者之間博弈所產生的內生決策，這意味著企業社會責任信息價值研究無法直接套用財務會計信息價值研究的設計和方法。並且由於企業社會責任會計研究無法從公開數據庫中獲得數據，關於企業社會責任信息價值作用機理的研究就十分鮮見了，僅有的零星研究也多屬描摹之作，實際貢獻有限。

那麼，對信息使用者而言，現有的企業社會責任信息是否能夠給其以投資、借貸、產品或服務購買、供應、監管等決策的支持，是否具備一定的決策價值（Decision Value）；抑或是企業社會責任信息只是一種廣告和營銷策略，旨在與利益相關者建立、維持或改善某種關係，那麼站在信息使用者的角度來看，這些信息是否具有公共關係價值（Public Realtions Value）呢？從形式上看，現有的企業社會責任信息有哪些呈報格式？企業社會責任信息呈報格式是否對使用者的閱讀、理解和價值判斷有影響？在企業社會責任信息作用過程中，使用者認知是否影響企業社會責任信息價值？諸如此類的描述性和探索性的問題，都亟待企業社會責任會計研究人員運用科學合理的研究方法在相應研究中獲得答案，以期預測和指導更好的企業社會責任報告實踐。

本書的研究圍繞著企業社會責任信息價值及其作用機理這條主線展開，旨在構建企業社會責任信息決策價值（公共關係價值）的評價標準，並在此基礎上從呈報格式和使用者認知兩個視角探討企業社會責任信息決策價值（公共關係價值）的影

響因素，考察中國企業社會責任報告信息價值的現狀，並提出改進中國企業社會責任報告信息價值的對策和建議。按照這個思路，本書共分為七章。第一章交代本書的選題動機，重點闡述本書的研究方法、研究內容和創新點；第二章分析中國企業社會責任報告發展的制度背景和理論基礎；第三章、第四章回顧國內外的研究現狀，並提出本書的研究假設；第五章、第六章是本書研究的核心，重點理論分析本調查問卷的設計、發放和回收，並對問卷結果進行實證分析；第七章對全文的研究結論進行綜合運用，提出相應的對策建議。

通過上述研究，本書得出的主要結論如下：

（1）不區分信息使用者認知水平差異，得到如下結論：①圖形格式呈報的社會責任信息決策價值和公共關係價值均大於表格格式；②圖表結合格式呈報的社會責任信息決策價值和公共關係價值也均大於表格格式；③社會責任信息決策價值受呈報格式的影響，而且不同呈報格式對決策價值和公共關係價值的影響存在規律：不同呈報格式的社會責任信息決策價值從小到大排序，呈現表格、圖形（圖表結合）的順序；不同呈報格式的社會責任信息公共關係價值從小到大排序，呈現表格、圖形、圖表結合的順序。

（2）區分信息使用者認知水平差異，得到如下結論：①本文分別使用社會責任知識水平和學歷層次兩個標準，將問卷對象劃分為高認知和低認知兩個樣本，實證結果均表明，相比於認知水平高的信息使用者，認知水平低的信息使用者受呈報格式的影響更為顯著；②認知水平低的信息使用者中，表格和圖形格式、表格和圖表結合格式信息的決策價值和公共關係價值差異均更為顯著；③認知水平低的信息使用者中，圖形和圖表結合格式信息的決策價值沒有顯著差異，但其公共關係價值差

異更為顯著。

本書的創新性和貢獻主要體現在以下幾個方面：

（1）相較於資本市場財務會計信息決策價值研究豐碩的成果，關於企業社會責任信息價值的經驗研究還十分鮮見，處於起步階段，但本書並沒有也不可能直接套用資本市場財務會計信息決策價值研究的設計和方法，而是基於企業社會責任報告自決性和企業社會責任信息供需特徵，將企業社會責任信息價值區分為決策價值和公共關係價值，並聚焦於其發揮作用在形式上的關鍵點——呈報格式，系統而深入地探析呈報格式、使用者認知對企業社會責任信息決策價值和公共關係價值的影響機理，本書所有研究假設和問題為企業社會責任會計所特有。

（2）在研究方法上，本書並不淺嘗輒止於對企業社會責任信息決策價值和公共關係價值及其作用機理的描述和定性分析，提出一般的原則性、方向性的對策建議，而是要對其進行系統深入的實證研究，要提供中國企業社會責任報告實踐基本現狀與社會責任信息決策價值和公共關係價值的經驗證據，進而打開企業社會責任信息價值內在作用機理的「黑箱」，而現有企業社會責任信息價值及其作用機理的研究中，大多是規範研究、案例研究，實證研究尤其是調查研究還極其少見。作為一種自願性披露機制，企業社會責任信息是企業管理層對使用者的選擇性信息提供，是管理層與使用者博弈產生的內生決策。特別地，根據企業社會責任會計研究的特性，考慮到項目研究目標需要探索變量之間的因果關係而非直接相關性，也由於企業社會責任信息研究基本無法從公開數據庫中獲得數據的特點，本項目綜合運用了實地研究、調查研究等更為適宜的研究方法，並沒有也不可能一味地沿襲傳統檔案研究的範式。

（3）形成了科學合理的企業社會責任信息評估程序與方法。

本書通過問卷調查來檢驗基於理論和文獻提出的社會責任信息價值標準，最終，只有在專家問卷調查中被認可（通過一定檢驗）的社會責任信息價值特徵才會被納入。在此基礎上，評估企業社會責任信息決策價值和公共關係價值，詮釋其作用機理；本書的研究是對傳統社會責任信息披露理論研究的一個拓展，為后續研究提供了比較可靠的企業社會責任信息價值體系概念框架，有利於研究的進一步推進。

（4）通過對專家和報告使用者進行問卷調查得到的第一手數據，分別從企業社會責任信息決策價值和公共關係價值兩個層面，基於框架效應理論和認知適配理論，以信息使用者對社會責任信息決策價值的評分為因變量，以呈報形式（Form）和企業社會責任認知水平（Know）為自變量，運用方均值T檢驗和方差分析（ANOVA）方法，首次系統實證檢驗了中國企業社會責任信息價值及其作用機理。打通了「企業社會責任信息價值（決策價值/公共關係價值）評估標準→企業社會責任信息價值（決策價值/公共關係價值）現狀→詮釋企業社會責任信息價值（決策價值/公共關係價值）作用機理→企業社會責任信息披露策略」的邏輯路徑。本書的研究為企業社會責任信息的生成、使用和監管提供基礎理論支持，使社會責任報告內容「言之有物」，報告分析「言之有理」，報告結論「言之有據」。本書的研究對利益相關者而言，可以幫助他們閱讀、理解和使用CSR報告，從而做出正確的判斷和決策；對企業而言，可以指導和促成他們編報高質量的CSR報告，間接推動CSR形成和發展；對政府而言，可以作為制定相關政策的參考。

（5）本書研究發現，社會責任報告呈報形式和信息使用者認知差異均會對社會責任信息決策價值產生影響。具體來說，一方面，社會責任信息決策價值受呈報形式的影響，即圖形形

式呈報的信息決策價值大於表格形式呈報的信息，圖表結合形式呈報的信息決策價值大於圖形形式呈報的信息；另一方面，社會責任知識水平高的信息使用者對社會責任信息的評價更高、更準確，社會責任知識水平低的信息使用者對社會責任信息的評價準確性更低，受呈報形式的影響更大。

　　本書的研究與寫作歷時兩年多完成，在此過程中承蒙暨南大學沈洪濤教授、南京信息工程大學袁廣達教授、西安交通大學王建玲教授、西南財經大學吉利教授、蘇州大學權小鋒教授、中國礦業大學姚聖教授等眾多學術前輩和同行專家所給予的充分肯定和提出的建設性修改意見。感謝在問卷調查過程中所給予支持的各位專家、學者和實務界專業人士，感謝恩師毛洪濤教授在我研究期間一直給予的鼓勵和支持。最后，感謝我指導的碩士研究生邱佳濤在本書定稿期間給予的幫助。

　　由於水平有限，書中謬誤、疏漏在所難免，懇請批評指正！

張正勇

目　錄

第一章　導論 / 1

　第一節　研究背景和意義 / 1

　　一、研究背景 / 1

　　二、研究意義 / 3

　第二節　研究的主要內容及框架 / 3

　第三節　研究方法 / 5

　第四節　研究創新 / 6

第二章　制度背景和理論基礎 / 9

　第一節　企業社會責任信息披露的歷史溯源與演進邏輯 / 9

　　一、社會責任信息披露的萌芽階段 / 9

　　二、社會責任信息披露的發展階段 / 10

　　三、社會責任信息披露的成熟階段 / 13

　第二節　中國公司社會責任信息披露的制度背景 / 15

　　一、政府及相關監管部門的作用 / 15

　　二、企業社會責任研究機構的作用 / 17

三、非政府組織和新聞媒體的作用 / 19

四、投資者的作用 / 21

第三節 企業社會責任訊息決策價值 / 25

一、年報中社會責任訊息的決策價值 / 25

二、獨立非財務報告中社會責任訊息的決策價值 / 26

三、社會責任報告中社會責任訊息的決策價值 / 27

第四節 社會責任訊息披露的理論基礎 / 30

一、決策有用性理論 / 30

二、利益相關者理論 / 31

三、組織合法性理論 / 32

四、社會契約理論 / 32

五、企業公民理論 / 33

六、戰略管理理論 / 34

第五節 本章小結 / 35

第三章 文獻綜述 / 37

第一節 基於投資者視角的社會責任訊息決策價值研究 / 37

第二節 基於利益相關者視角的社會責任訊息決策價值研究 / 38

第三節 呈報形式與社會責任訊息決策價值 / 40

一、圖形呈報形式與社會責任訊息決策價值 / 41

二、表格呈報形式與社會責任訊息決策價值 / 42

第四節 呈報影響社會責任訊息決策價值的理論依據 / 43

第五節 本章小結 / 46

第四章　理論分析與研究假設 / 48

第一節　呈報形式與社會責任訊息決策價值的關係 / 48

一、社會責任訊息獲取與認知困難 / 48

二、呈報形式影響社會責任訊息價值路徑 / 49

第二節　認知水平差異對社會責任訊息價值的影響 / 51

第三節　本章小結 / 52

第五章　企業社會責任報告決策價值問卷設計 / 53

第一節　企業社會責任訊息決策價值專家調查問卷 / 53

一、專家調查問卷內容的篩選 / 53

二、問卷的設計和問卷對象 / 62

三、問卷的發放和回收 / 64

四、問卷的效度和信度 / 66

第二節　企業社會責任訊息價值使用者評價問卷 / 70

一、問卷設計和問卷對象 / 70

二、問卷內容的篩選過程 / 73

三、問卷發放與回收 / 76

四、問卷效度和信度 / 77

第三節　變量定義 / 80

一、因變量 / 80

二、自變量 / 81

三、協變量 / 82

第四節　本章小結 / 83

第六章 企業社會責任報告決策價值問卷實證分析 / 86

第一節 描述性統計 / 86

第二節 假設檢驗 / 88

一、均值 T 檢驗 / 88

二、方差分析 / 100

第三節 拓展性研究 / 111

一、企業社會責任報告公共關係價值影響因素分析 / 112

二、企業社會責任報告公共關係價值與決策價值差異分析 / 131

第四節 穩健性檢驗 / 138

一、穩健性檢驗之一 / 138

二、穩健性檢驗之二 / 147

三、穩健性檢驗之三 / 152

第五節 本章小結 / 156

第七章 結論與啟示 / 159

第一節 研究結論 / 159

第二節 政策建議與啟示 / 161

第三節 研究的不足 / 162

參考文獻 / 164

附錄 / 173

企業社會責任訊息決策價值專家調查問卷 / 173

企業社會責任訊息價值使用者評價問卷 / 179

第一章　導論

第一節　研究背景和意義

一、研究背景

作為企業非財務報告的一種，企業社會責任報告幫助機構設定目標，衡量績效，進行管理變革，將長期盈利能力與社會責任和環境保護有機結合，實現全球經濟的可持續發展。中國的第一份社會責任報告可追溯至1999年，由殼牌（中國）公司發布。2001年，中國石油天然氣股份有限公司首次發布了企業健康安全環境報告。之后，福特汽車、寶鋼股份、中國平安、東芝中國、江西移動也發布了社會相關報告，但名稱各不相同，在國內也沒有引起很大的關注。2006年3月，國家電網發布內資企業首份取名企業社會責任報告的可持續發展報告，得到了中央的高度肯定。有了中央的肯定和社會輿論的支持，國有企業在社會責任披露領域發揮了示範帶頭作用，中國鋁業、中海油、中遠集團等國有大型企業都在當年發布了各自的社會責任報告。之后，中國企業發布可持續發展報告的熱情持續升溫，發布的報告數量增長迅速，至2015年，當年社會責任報告的數量已增至1,597份，其中上市公司830份。社會責任報告發布數

量統計如圖 1-1 所示。

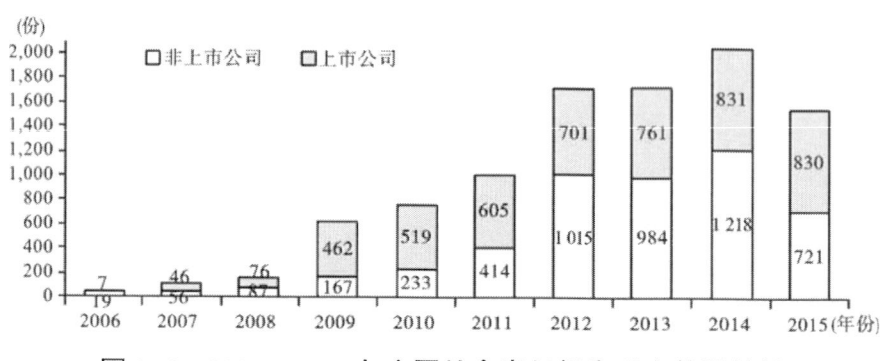

圖 1-1　2006—2015 年中國社會責任報告發布數量統計

毋庸置疑，作為銜接企業和利益相關方溝通的重要「橋樑」，提供對利益相關方「決策有用」的信息，加強企業與利益相關方之間的溝通與對話，是社會責任報告的安身之本和永恆主題。信息的決策有用性或決策價值是指信息使用者或利益相關方在做出諸如投資、借貸、產品或服務的購買、供應、就業選擇、監管等決策的時候，對該信息的依賴程度（宋獻中和龔明曉，2006）。然而，相較於財務報告，社會責任報告由於其自決性（Reporting Discretion），不存在統一呈報格式，並因企業、任務、決策者不同而不同，導致社會責任報告種類繁多、條目凌亂、風格迥異，恰恰使得研究其決策價值更有必要。

那麼，在數量井噴的同時，現有的社會責任報告對利益相關方而言是否具有決策價值？社會責任報告應提供哪些以及怎樣提供「決策有用」的社會責任信息？從形式上看，現有社會責任報告有哪些呈報格式？社會責任報告呈報格式是否對利益相關方閱讀、理解和決策有影響？在其作用過程中，信息使用者認知是否影響社會責任報告決策價值？諸如此類的描述性和探索性的問題，都亟待研究人員在相應研究中獲取答案，以期預測和指導更好的社會責任報告實踐。因此，本研究採用問卷調查的研究方法，以社會責任報告決策價值及其作用機理為研

究主題，不僅是對傳統社會責任信息披露研究領域的補充和拓展，也是從企業社會責任管理實踐中提煉出的具有一定普適意義的科學問題。

二、研究意義

從理論上來說，本研究根據企業社會責任報告生成和利益相關方使用社會責任報告的過程，以及社會責任報告信息傳導並發揮作用的機制、機理等相關邏輯線索，在全面瞭解、科學分析中國企業社會責任報告現狀和社會責任信息供需基礎之上，基於社會責任報告的自決性，聚焦於社會責任報告發揮決策價值在形式上的關鍵點——呈報格式和信息使用者認知。通過問卷調查研究，全面而系統地研究呈報格式、信息使用者認知對社會責任報告決策價值的影響，打開社會責任報告內在作用機理的「黑箱」，為社會責任報告的生成、利用和管理提供基礎理論支持。

從實踐上來說，第一，對利益相關者而言，可以幫助他們閱讀、理解和使用社會責任報告，做出正確的判斷和決策。第二，對企業而言，可以指導和促成他們編報高質量的社會責任報告，間接推動社會責任的形成和發展。

第二節 研究的主要內容及框架

本研究通過問卷調查來分析社會責任報告呈報格式與決策價值的相關性。社會責任報告呈報格式通常有三個水平：表格、圖形和圖表結合，在設計問卷時將盡量保持三種呈報格式的信息含量在問卷調查內容中保持在同一個水平上。將問卷調查的對象按照認知水平分為專業人士、半專業人士和非專業人士三

類。通過對上述三類人員的問卷調查，進行「差異中差異」（Difference in Difference）的檢驗，以探求不同層次認知水平信息使用者對不同呈報格式社會責任信息披露的接受和理解程度，在此基礎上來思考提高社會責任報告決策價值的途徑和方法。

本書的研究立足於中國制度背景，純文字、表格、圖形、圖表結合四種呈報形式的信息均來自已發布的社會責任報告，問卷量表基於成熟的理論和量表設計。全文共分為七章，各章內容如下：

第一章　導論。主要介紹本研究的背景，從社會責任報告披露實務、研究現狀的角度講述本書的選題原因、研究的必要性和意義。重點闡述本書的研究方法和研究內容，勾勒出本書的整體研究框架，提煉出本書可能的創新點。

第二章　制度背景和理論基礎。先介紹社會責任報告的歷史溯源與演進邏輯，揭示其發展的推動力量。再介紹中國社會責任報告發展的推動因素，政府、社會組織、媒體、投資者等利益相關者在其中發揮的作用。最后結合決策有用性理論、利益相關者理論、組織合法性理論、社會契約理論、社會公民理論和戰略管理理論，重點論述了社會責任信息價值的內在邏輯。

第三章　文獻綜述。從基於投資者和利益相關者視角的社會責任信息決策價值研究、呈報格式相關研究、呈報格式影響信息決策價值的理論基礎三方面來回顧現有文獻資料。通過清晰地展示相關領域研究旳現狀和發展脈絡，本書尋找到了可行的研究方向。

第四章　理論分析與研究假設。本章以框架效應理論和具象相合理論為依據，梳理呈報格式、信息使用者認知差異和信息決策價值之間的邏輯關係，推導呈報形式影響社會責任信息決策價值的作用機理。在此基礎上，提出本書的研究假設。

第五章　企業社會責任報告決策價值問卷設計。首先，本

章全面介紹了「社會責任信息決策價值專家問卷」和「社會責任信息價值評價問卷」兩份問卷的設計、發放、回收過程。然后,對兩份問卷進行了科學的效度、信度檢驗。最后,闡述了問卷數據的處理方法,並對本書的研究變量進行了定義與解釋。

第六章　企業社會責任報告決策價值問卷實證分析。首先,進行描述性統計和正態分佈檢驗;然后,通過均值 T 檢驗和方差分析研究了呈報形式和信息使用者知識水平對信息決策價值的影響;接著,從信息公共關係角度進行了拓展性研究;最后,通過穩健性檢驗對上述研究結論進行驗證。

第七章　結論與啟示。本章在以上各章理論分析與問卷數據實證檢驗的基礎上,總結文章問卷研究的結論,並提出提高社會責任報告決策價值的建議。最后,列示研究的局限和未來可能的研究方向。

第三節　研究方法

本書的具體研究方法,包括文獻研究法、問卷調查法、實證分析法。文獻研究是從社會責任信息決策價值研究、呈報格式與決策價值和使用者認知與決策價值三方面來回顧現有文獻資料,梳理呈報格式、信息使用者認知差異和信息決策價值之間的邏輯關係,為設計問卷打好基礎。問卷調查是本書研究中關鍵的一環。通過科學、嚴謹地設計、實施問卷調查,收集呈報格式、信息使用者認知水平影響社會責任報告決策價值的現實證據,探索其作用機理。實證分析法是用統計計量方法對調查問卷回收的有效數據進行處理的方法,它是驗證本書假設並得出研究結論的基礎。本書將會對問卷數據進行描述統計、T 檢驗、方差（ANOVA）分析。遵照如下技術路線展開（見圖 1-2）:

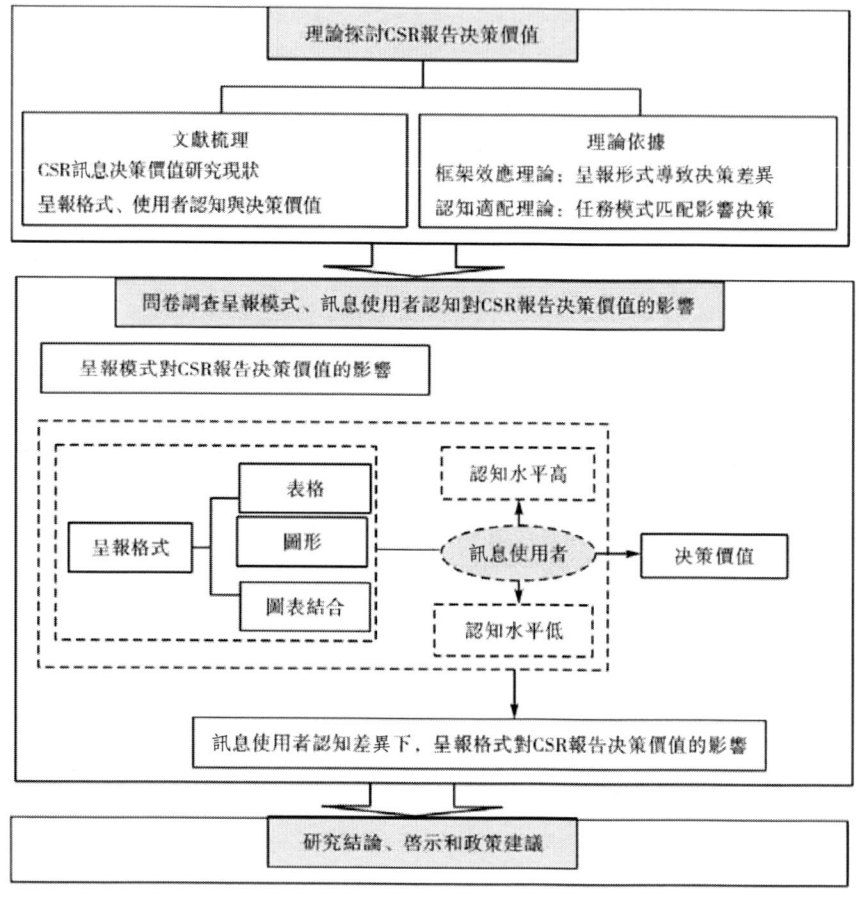

圖1-2 研究的技術路線

第四節 研究創新

本書的創新性和貢獻主要體現在以下幾個方面：

（1）相較於資本市場財務會計信息決策價值研究豐碩的成果，關於企業社會責任信息價值的經驗研究還十分鮮見，處於起步階段，但本書並沒有也不可能直接套用資本市場財務會計信息決策價值研究的設計和方法，而是基於企業社會責任報告

自決性和企業社會責任信息供需特徵，將企業社會責任信息價值區分為決策價值和公共關係價值，並聚焦於其發揮作用在形式上的關鍵點——呈報格式，系統而深入地探析呈報格式、使用者認知對企業社會責任信息決策價值和公共關係價值的影響機理，本書所有研究假設和問題為企業社會責任會計所特有。

（2）在研究方法上，本書並不淺嘗輒止於對企業社會責任信息決策價值和公共關係價值及其作用機理的描述和定性分析，提出一般的原則性、方向性的對策建議，而是要對其進行系統深入的實證研究，要提供中國企業社會責任報告實踐基本現狀與社會責任信息決策價值和公共關係價值的經驗證據，進而打開企業社會責任信息價值內在作用機理的「黑箱」。而現有企業社會責任信息價值及其作用機理研究中，大多是規範研究、案例研究，實證研究尤其是調查研究還極其少見。作為一種自願性披露機制，企業社會責任信息是企業管理層對使用者的選擇性信息提供，是管理層與使用者博弈產生的內生決策。特別地，根據企業社會責任會計研究的特性，考慮到項目研究目標需要探索變量之間的因果關係而非直接相關性，也由於企業社會責任信息研究基本無法從公開數據庫中獲得數據的特點，本項目綜合運用了實地研究、調查研究等更為適宜的研究方法，並沒有也不可能一味地沿襲傳統檔案研究的範式。

（3）形成了科學合理的企業社會責任信息評估程序與方法。本書通過問卷調查來檢驗基於理論和文獻提出的社會責任信息價值標準，最終，只有在專家問卷調查中被認可（通過一定檢驗）的社會責任信息價值特徵才會被納入。在此基礎上，評估企業社會責任信息決策價值和公共關係價值，詮釋其作用機理；本書的研究是對傳統社會責任信息披露理論研究的一個拓展，為后續研究提供了比較可靠的企業社會責任信息價值體系概念框架，有利於研究的進一步推進。

(4) 通過對專家和報告使用者問卷調查得到的第一手數據，分別從企業社會責任信息決策價值和公關關係價值兩個層面，基於框架效應理論和認知適配理論，以信息使用者對社會責任信息決策價值的評分為因變量，以呈報形式（Form）和企業社會責任認知水平（Know）為自變量，運用方均值T檢驗和方差分析（ANOVA）方法，首次系統實證檢驗了中國企業社會責任信息價值及其作用機理。打通了「企業社會責任信息價值（決策價值/公關關係價值）評估標準→企業社會責任信息價值（決策價值/公共關係價值）現狀→詮釋企業社會責任信息價值（決策價值/公關關係價值）作用機理→企業社會責任信息披露策略」的邏輯路徑。本書的研究為企業社會責任信息的生成、使用和監管提供基礎理論支持，使社會責任報告內容「言之有物」，報告分析「言之有理」，報告結論「言之有據」。本書的研究對利益相關者而言，可以幫助他們閱讀、理解和使用CSR報告，做出正確判斷和決策；對企業而言，可以指導和促成他們編報高質量CSR報告，間接推動CSR形成和發展；對政府而言，可以作為制定相關政策的參考。

(5) 本書的研究發現，社會責任報告呈報形式和信息使用者認知差異均會對社會責任信息決策價值產生影響。具體來說，一方面，社會責任信息決策價值受呈報形式的影響，而且不同呈報形式對決策價值的影響存在規律，即圖形形式呈報的信息決策價值大於表格形式呈報的信息，圖表結合形式呈報的信息決策價值大於圖形形式呈報的信息；另一方面，社會責任知識水平高的信息使用者對社會責任信息的評價更高、更準確，社會責任知識水平低的信息使用者對社會責任信息的評價準確性更低，受呈報形式的影響更大。

第二章　制度背景和理論基礎

第一節　企業社會責任信息披露的歷史溯源與演進邏輯

一、社會責任信息披露的萌芽階段

企業社會責任思想起源於 20 世紀初，體現著特定經濟和社會條件對企業的客觀要求。伴隨著工業化革命、鐵路建設、合併浪潮，現代意義上的大公司首次出現，經濟領域中權利越來越集中，企業的社會影響越來越大。這時出現了對企業角色的反思，社會中的公司就只有社會責任這一個目標嗎？根據亞當·斯密的傳統觀點，市場制度下企業的任務就是追求利潤，只要實現了利潤最大化的目標，就是實現了企業的價值。然而這一觀點在當時的社會背景下受到衝擊，發生了兩次著名的論戰，改變了企業只需追求利潤的單一社會責任觀。企業在追求利潤的同時，還被要求承擔更多責任，在道德的框架內運作。「社會責任之父」鮑恩在《企業家的社會責任》中定義社會責任為「企業從事符合社會的目標或價值觀的政策、決策或行動的一種義務」。卡羅爾進一步建立了包括經濟、法律、倫理和自願四個方面的社會責任金字塔模型，四種責任同時發生又經常

衝突，其中經濟責任是基礎。

伴隨著企業社會責任思想的發展，企業意識到一味地追求利潤不一定能給企業帶來長遠的利益和發展，開始了企業社會責任實踐。慈善事業作為一種傳統美德最先發展起來，一些企業將企業社會責任理解為慈善，對社會做一些善舉。20世紀20年代的美國「社區公款運動」中企業開展慈善活動，捐資建設圖書館、捐款扶貧、鼓勵員工參與在社會上引起了很大的反響。英國企業家和慈善家Joseph Rowntree做出了一些革命性的社會責任行為，他建立了員工利潤分享計劃、員工假期計劃和員工救濟金。這一時期企業已經意識到自身的「社會公民」身分，開始披露企業履行社會責任的信息，但還沒有形成專門的報告，往往只是在年報中做附帶性披露。鋼鐵行業可能是最早披露企業社會責任信息的行業，美國的鋼鐵企業在1905年就出現了企業社會責任相關信息，英國Sheffield鋼鐵企業在20世紀初就提供企業社會責任信息。這種在年報中披露社會責任信息的做法，就這樣作為企業財務信息的補充發展起來，即使現在有了專門的社會責任報告，企業仍會在年報中披露部分社會責任信息。

二、社會責任訊息披露的發展階段

20世紀60年代到90年代，許多重大事件的發生將社會各界的目光引向社會公平、經濟發展、人類和平、環境保護這些問題上。隨著社會各界對企業社會責任相關議題的關注度不斷提高，要求企業承擔社會責任的呼聲日益高漲。受到社會壓力的推動，企業開始披露員工信息和環境信息，後來演變為公司僱員報告和公司環境報告，成為企業社會責任報告的重要起源。

公司僱員報告的產生源於社會對僱員權利的關注，引起社會對員工關注的重要歷史背景是人權運動，其中南非的反種族隔離運動是全球影響較大的事件。南非聯邦自1910年成立以

來，一直處在白人種族主義政權統治之下，推行種族歧視和壓迫政策。白人政權甚至頒布《種族隔離法》《通行證法》《人口登記法》等多項法令使種族隔離制度「合法化」。索韋托騷亂后，一些宗教團體關注到了南非黑人和其他有色人種受到的不平等待遇，開始幫助南非人民。1976 年，南非通用電氣董事里昂·蘇利文（Leon Sullivan）牧師提出了「蘇利文原則」，要求公司每年實施一系列針對性的管理層審計。在這樣的背景下，20 世紀 70 年代一些國家相繼出抬了保障雇員權利的相關法規。英國的《工資平等法案》（1970）、《工作健康和安全法案》（1974）、《性別歧視法案》（1975）、《種族關係法》（1976）和美國的《勞資關係法》（1971）等的頒布，在一定程度上約束了企業行為，改善了雇傭關係。雖然當時一些企業就開始編製公司雇員報告，但由於雇員報告的自決性，是否披露和如何編製完全由企業自行決定，但絕大多數企業並未編製單獨的公司雇員報告。針對這一現實，1975 年英國會計準則籌劃委員會（ASSC）發表的《公司報告》中提出了雇員報告的參考範本，要求在雇員報告中涵蓋 10 種定量信息，包括雇員數量（要求進行對比分析）、雇員職務、正式雇員的年齡結構、年工作小時數（要求進行分析）、為雇員付出的費用、養老金信息、雇員教育和培訓、商會關係、雇傭比例、其他附加信息（種族關係、健康和安全統計等）。加拿大特許會計師協會（CICA）也於 1980 年發布了類似的研究報告《公司報告：它的未來發展》，要求雇員報告需要能夠滿足雇員對額外信息的需求，其信息不應是企業其他信息渠道已經提供的。然而，雇員報告一直沒有出現得到廣泛認可的編報和披露標準，發行範圍也僅局限在企業內部，沒有很大的影響力，推行的企業較少，但它是社會責任報告的起源之一。

環境報告是社會報告發展時期較成熟的非財務報告，郭沛

源等（2007）認為社會責任報告直接起源於環境報告。20世紀50年代之后，在經濟復興和人口快速增長的背景下，西方工業化國家環境危害事件頻發。一些有識之士開始注意到環境問題並發出呼籲。1962年，美國海洋生物學家蕾切爾·卡遜（Rachel Carson）出版了她的杰作《寂靜的春天》。《寂靜的春天》引發了社會公眾對環境問題的注意，也使環境問題成為各國政府的重要議題。聯合國於1972年6月在瑞典斯德哥爾摩召開了「人類環境大會」，並由各國簽署了《人類環境宣言》。此后，環保事業迅速發展，各國特別是西方發達國家的環境保護運動幾乎滲透到各個領域，西方國家陸續頒布和修訂了許多環保法規。20世紀90年代，各國政府陸續頒布法規要求企業披露必要的環境信息，包括歐盟的《生態環境管理體系審核制度》（1993）、日本的《關注環境的企業行為指南》（1993）、澳大利亞的《環境保護和生物多樣性法案》（1999）等。於是企業面臨越來越大的環境壓力，投資者也逐步意識到企業的環境績效會影響到自己的投資收益，企業不得不披露環境報告。除了政府的監管因素外，當時一系列環境信息披露標準的發布，使企業披露環境信息有了依據，極大地推動了企業環境報告的發展。

　　這一時期環境報告向綜合性社會責任報告發展的趨勢初現。1991年，荷蘭殼牌公司發布了第一份健康、安全與環境報告（Health、Safety and Environment Report，簡稱HSE報告）及其指南，將環境報告的披露範圍擴展到雇員健康、安全生產等社會熱點問題，涉及了企業社會責任理念所涵蓋的議題。1996年，國際標準化組織發布了《石油和天然氣工業健康、安全與環境管理體系》，在石油、天然氣等能源行業得到廣泛運用。企業不僅通過遵從HSE管理體系來提升員工在健康、安全和環境方面的表現，還通過HSE報告披露企業在這些方面的績效。至1998年，全球《財富》排名250強的企業中有35%發布獨立的環境

報告；在日本，至2000年，有430家企業發布獨立的環境報告。

三、社會責任訊息披露的成熟階段

得益於企業社會責任理念的發展，20世紀末至21世紀初，人們更加關注企業社會責任的各項議題，進一步要求企業更全面地披露社會責任信息。雇員報告、環境報告或HSE報告都已經滿足不了人們的信息需求，促使一種在內容和形式上都更為綜合的報告形式——企業社會責任報告產生。《布倫特蘭報告》提出了「可持續發展的理念」，即「既滿足當代人的需要，又不對后代人滿足其需求能力構成危害的發展」。那麼對於企業來說，企業要實現自身的發展，不能僅僅追求經濟效益，企業長遠的利益和發展只有通過負責任的社會實踐才能達成。

1997年，英國Sustain Ability公司的總裁約翰·埃爾金頓提出了「三重底線」的概念，從經濟、社會和環境三方面評價企業的綜合業績，並指出企業的可持續發展要做到經濟利潤、社會責任和保護環境三者的有機統一。之后，許多國際性組織相繼推出社會責任報告編報指南或標準，為企業編製社會責任報告創造了有利條件。2000年，全球報告倡議組織（GRI）首次發布了《可持續發展報告指南》，試圖將可持續發展報告這一形式在全球範圍推廣。2002年，全球報告倡議組織發布了第二代《可持續發展報告指南》，這一版本得到了全球範圍內大量企業的支持。最新一版的《可持續發展報告指南》在2014年發布，依據「三重底線」原則，指導企業從經濟、社會和環境三方面編製社會責任報告。其他組織也發布了社會責任報告編製標準，如國際標準化組織的《ISO26000社會責任指南》、國際石油工業環境保護協會（IPIECA）等的《石油與天然氣行業可持續發展報告指南》等。這些指南極大地推動了全球企業社會責任報告的發展，可持續發展報告成為企業披露非財務報告的主流。

這一時期，企業開始遵照「三重底線」原則從經濟、社會和環境三方面來編製報告。報告的內容從單一的環境信息或社會信息，轉變為兩者與經濟績效的綜合體，披露盈利、納稅、分紅、環保以及社會貢獻等信息。企業社會責任報告的發展經歷了萌芽階段、發展階段、成熟階段，從年報中的附帶性披露到雇員報告、環境報告，再到健康、安全與環境報告（HSE報告），最后發展成為綜合性可持續發展報告。社會責任報告發展的歷史演進示意如圖2-1所示。

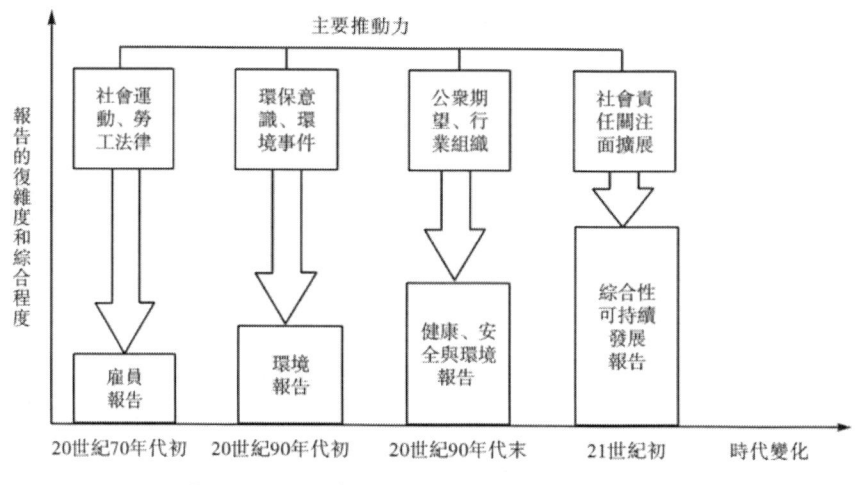

圖2-1　社會責任報告發展的歷史演進

然而，發展到綜合性可持續發展報告並不是其價值演進的終點，綜合報告（Integrated Reporting）的理念開始興起。綜合報告將企業財務信息與非財務信息結合起來，但並不是說只是簡單地將幾份報告合併起來發布。綜合報告要求企業將財務、環境、社會和企業治理業績等信息的報告體系進行整合，將可持續理念融入企業整體戰略中，並在內部管理和企業經營中實行。但綜合報告與企業出於特定目的而發布企業社會責任報告是不矛盾的。

第二節　中國公司社會責任信息披露的制度背景

一、政府及相關監管部門的作用

中國社會責任報告快速發展得益於各方的推動，其中政府及相關職能部門是推動中國社會責任報告發展的最重要力量，相關政策在推動企業編製和發布社會責任報告中起到了至關重要的作用。改革開放以來，在中國經濟建設飛速發展的同時，也累積了不少矛盾和問題。進入21世紀，經濟發展同生態環境、自然資源的矛盾加劇。吉林石化爆炸致使松花江嚴重污染，三聚氰胺毒奶粉，太湖、巢湖、滇池爆發藍藻危機等事件，引起了社會各界的高度關注，全社會呼籲企業履行社會責任。在這一時代背景下，2002年黨的十六大提出了構建社會主義和諧社會的重要戰略任務，指出要樹立和落實以人為本、全面協調可持續的科學發展觀。黨的十六屆三中全會更進一步明確提出，「堅持以人為本，樹立全面、協調、可持續的發展觀，促進經濟社會和人的全面發展」。從追求單一的經濟發展目標，轉變到可持續的發展目標，政府和社會各界更重視企業社會責任問題。2002年1月7日，中國證監會頒布實施《上市公司治理準則》，其中第八十六條要求，「上市公司在保持公司持續發展、實現股東利益最大化的同時，應關注所在社區的福利、環境保護、公益事業等問題，重視公司的社會責任。」

2006年在政策法規、黨的方針政策和政府領導人支持等因素的推動下，企業社會責任披露卓有成效，成為有里程碑意義的「中國企業可持續發展報告元年」。2006年3月，國家電網發

布中國企業的第一份社會責任報告，國務院總理溫家寶對其做出重要批示：「這件事辦得好。企業要向社會負責，並自覺接受社會監督。」2006 年 9 月，深圳證券交易所發布《上市公司社會責任指引》，鼓勵上市公司自願披露社會責任信息。2006 年年底，中共中央總書記胡錦濤在中央經濟工作會議上再次強調：「既要繼續健全企業激勵機制，也要註重強化企業外部約束，引導企業樹立現代經營理念，切實承擔起社會責任。」表 2-1 整理了中國現有企業社會責任信息披露相關政策文件。

表 2-1　國內企業社會責任訊息披露相關政策文件

發布時間	發布單位	政策
2006 年 9 月 25 日	深圳證券交易所	《上市公司社會責任指引》
2007 年 4 月 11 日	國家環保部	《環境訊息公開辦法（試行）》
2007 年 12 月 5 日	中國銀監會辦公廳	《關於加強銀行業金融機構社會責任的意見》
2008 年 1 月 4 日	國務院國資委	《關於中央企業履行社會責任的指導意見》
2008 年 5 月 13 日	上海證券交易所	《關於加強上市公司社會責任承擔工作的通知》《上海證券交易所上市公司環境訊息披露指引》
2008 年 12 月 31 日	深圳證券交易所 上海證券交易所	《關於做好上市公司 2008 年年度報告工作的通知》
2010 年 5 月 12 日	中國保監會	《保險公司訊息披露管理辦法》
2012 年 6 月 28 日	國家認監委	《認證機構履行社會責任指導意見》
2013 年 2 月 18 日	商務部和環保部	《對外投資合作環境保護指南》
2014 年 12 月 19 日	國家環保部	《企業事業單位環境訊息公開暫行辦法》

資料來源：作者整理。

在中央的肯定和推動下，中央政府職能部門及各級地方政府紛紛出抬企業社會責任信息披露相關政策，鼓勵或引導企業發布社會責任報告，企業社會責任信息披露有了政策依據。對於上市公司來說，幾份監管部門文件直接影響了社會責任報告披露情況。2006年9月，深圳證券交易所發布《上市公司社會責任指引》，鼓勵上市公司自願披露社會責任報告。2008年5月，上海證券交易所也發布了類似的自願性披露指導文件《關於加強上市公司社會責任承擔工作的通知》和《上海證券交易所上市公司環境信息披露指引》。鑒於文件發布後，披露社會責任報告的多是國有大型企業而其他企業發布報告動力不足的情況，2008年年底，深圳證券交易所和上海證券交易所發布了《關於做好上市公司2008年年度報告工作的通知》，強制要求特定企業必須披露社會責任報告，鼓勵其他企業自願披露，當年上市公司社會責任報告數量幾乎翻了一番。香港聯合交易所也於2012年12月試行推出了《環境、社會及管治報告指引》諮詢市場意見，並於2015年12月21日推出了《環境、社會及管治報告指引》的修訂版本，設計了一個囊括財務報告、社會責任報告等報告的綜合報表體系。

二、企業社會責任研究機構的作用

　　企業社會責任研究機構發布的社會責任報告編製指南或評價標準，對推動企業編製和提高社會責任報告質量起到了重要作用。2004年11月，特許公認會計師公會（ACCA）在北京舉行新聞發布會，推出《可持續發展報告指南（2002）》中文版。2005年4月，中國可持續發展工商理事會（CBCSD）聯合ACCA，舉辦《可持續發展報告指南（2002）》中文版研討會，鼓勵中國企業編製可持續發展報告，有100多家企業參會。2006年7月，中國企業社會責任機構指南（China CSR Map）與

AccountAbility公司簽署合作協議，將AA1000審計標準翻譯為中文。國外先進社會責任報告編製理念的引入，解決了中國企業編製社會責任報告發展初期的難題。在2006年之后，國內相關研究機構開始探索、制定適應中國國情的社會責任報告編製指南。2008年4月，中國工業經濟聯合會等11家行業協會發布行業性的《中國工業企業及工業協會社會責任指南》。中國社會科學院經濟學部企業社會責任研究中心於2009年12月，發布了《中國企業社會責任報告編寫指南（CASS-CSR1.0）》，這是中國第一本自主研發的企業社會責任報告編製工具手冊。到目前為止，國內社會責任報告相關標準，包括了編製指南、審驗標準和質量評價標準（見表2-2），成為編製、評價企業社會責任報告並提高報告質量的有力依據。

表2-2 社會責任報告編製指南、審驗標準和質量評價標準

類別	發布單位	編製指南或評價標準
編製指南	商務部研究院跨國公司研究中心	《中國公司責任報告編製大綱（草案）》（2006）
	中國可持續發展工商理事會	《中國企業社會責任推薦標準和實施範例》（2006）
	國際標準化組織	《ISO26000社會責任指南》（2010）
	中科院企業社會責任研究中心	《中國企業社會責任報告編寫指南》（2009，2011）
	全球報告倡議組織	《可持續發展報告指南》（2000，2002，2006，2014）
認證、審驗標準	英國Account Ability	《AA1000原則標準》（1999，2008）
	國際審計與鑒證準則理事會	《國際鑒證業務準則第3000號》（2013）
	社會責任國際	《SA 8000標準》（1996，2008，2014）

表2-2(續)

類別	發布單位	編製指南或評價標準
質量評價標準	責揚天下管理顧問有限公司	《金蜜蜂企業社會責任報告評估體系》（2010）
	潤靈公益事業諮詢	《潤靈環球MCT社會責任報告評級體系》（2012）
	商道縱橫有限公司	《企業社會責任報告關鍵定量指標指引》（2014）

資料來源：作者整理。

社會責任研究機構還會定期發布企業社會責任信息披露情況的研究報告，對國內社會責任報告披露現狀進行統計和分析，並針對有關問題提出一些改善措施。例如，商道縱橫的「中國企業可持續發展報告研究——價值發現之旅」系列研究是國內最早的關於企業社會責任報告的研究；潤靈公益事業諮詢（RL-CCW）發布了國內首份針對A股上市公司的企業社會責任報告藍皮書。這些研究分析了企業社會責任報告現狀，並結合國際前沿針對當前的不足提出了一些建議，起到了指引社會責任報告發展的作用。

這些機構還提供企業社會責任專業諮詢服務，幫助企業制定社會責任戰略、發展規劃、業務流程、部門管理、員工規範、績效考核。這些諮詢服務深入地審視了企業與社會的關係，以社會責任理念重新塑造企業管理體系，提高了企業社會責任報告的質量，更推動了企業社會責任的履行。

三、非政府組織和新聞媒體的作用

中國企業社會責任信息披露的發展離不開各方努力，其中各行業協會起了重要的推動作用。2005年6月，面對不斷升級的紡織品貿易摩擦，中國紡織工業協會推出了國內第一份行業社會責任管理體系《中國紡織企業社會責任管理體系

（CSC9000T）》，以尋求國際社會的認可。在 2006 年 12 月，中國紡織工業協會又發布了《中國紡織服裝行業企業社會責任年度報告》，成為國內第一份以行業身分發布的企業社會責任報告。之後在 2008 年 4 月，中國工業經濟聯合會聯合 11 家行業協會發布了《中國工業企業及工業協會社會責任指南》，為廣大工業企業提供社會責任編報指引（見表 2-3）。從這以後，各行業協會陸續根據通用社會責任編報指南和質量評價標準，結合政府政策法規和行業自身特點，發布更適用於本行業的社會責任編報、評價體系，推動了企業發布社會責任報告。

表 2-3　行業協會發布的社會責任報告編報指引

發布時間	發布單位	社會責任編報、評價體系
2005 年 6 月	中國紡織工業協會	《中國紡織企業社會責任管理體系（CSC9000T）》
2008 年 4 月	中國工業經濟聯合會等	《中國工業企業及工業協會社會責任指南（第一版）》
2008 年 6 月	中國紡織工業協會	《中國紡織服裝企業社會責任報告綱要》
2009 年 1 月	中國銀行業協會	《中國銀行業金融機構企業社會責任指引》
2010 年 5 月	中國工業經濟聯合會等	《中國工業企業及工業協會社會責任指南（第二版）》
2011 年 7 月	中國林業產業聯合會 中國林產工業協會	《中國林產業工業企業可持續發展報告編寫指南》
2013 年 1 月	中國電子工業標準化技術協會	《中國電子訊息行業社會責任指南》
2013 年 5 月	中國工業經濟聯合會等	《中國工業企業社會責任評價指標體系》《中國工業企業履行社會責任星級評價組織管理辦法》

資料來源：作者整理。

新聞媒體在推動中國社會責任報告發展中的作用主要體現為輿論宣傳作用。2004 年，由《21 世紀經濟報導》發起主辦的「中國最佳企業公民評選」是國內設立最早的企業社會責任相關獎項。「中國最佳企業公民評選」從公司治理、員工權益保護、社會公益事業、環境保護、供應鏈夥伴、消費者權益六個維度評價企業的社會表現，只有在六大維度都表現良好的企業才是好的「企業公民」。2006 年，人民網設立的「人民社會責任獎」是國內第一個以社會責任命名的獎項，並且一直以來受到國家有關部委的高度重視和支持，包含了「社會責任年度人物獎」「社會責任年度企業獎」「社會責任年度案例獎」三個子獎項。之後，《胡潤百富》雜誌也在 2007 年推出了「胡潤社會責任 50 強」，《財富》雜誌則與 AccountAbility 公司於 2007 年聯合發布了「中國十大綠色公司」。此外，國內較有影響力的社會責任獎項，還有《綠公司》雜誌的「中國綠色公司星級標杆企業」、《WTO 經濟導刊》的「中國企業社會責任金蜜蜂獎」、《第一財經日報》的「第一財經中國企業社會責任榜」、《南方週末》的「南方週末企業社會責任評選」、中國企業社會責任研究中心的「中國企業社會責任特別大獎」等。

　　這些獎項借助報刊、電視、網路等媒體傳播，隨著時間的推移在社會公眾中的影響力也越來越大，形成了強大的輿論壓力。通過設立評價體系來衡量企業社會責任的履行狀況，設立相應的社會責任排名榜單，對表現優異的企業頒獎，鼓勵企業披露更高質量的社會責任信息，更加積極地履行企業社會責任。

四、投資者的作用

　　投資理念的變化可以改變投資者的投資決策方式，對社會發展產生重大影響。社會責任投資（Socially Responsible Investment，SRI）理念認為應將企業責任和社會利益作為投資考慮的

首要因素，決策時註重公司的環境、社會表現，進行既盈利又對社會有好處的投資，拋棄那些雖然盈利很好但對社會有危害的投資，兼顧了投資收益和社會影響。

歐洲可持續發展論壇（Eurosif）調查了12個歐洲國家的169份養老金投資基金。發現有56%的基金遵循社會責任投資理念，而25%的基金有相關計劃；此外，大多數基金經理表示考慮企業履行社會責任的情況，既是踐行責任信託的應盡義務，也有助於實現基金的長期收益。社會責任投資者與傳統投資者決策差異如圖2-2所示。

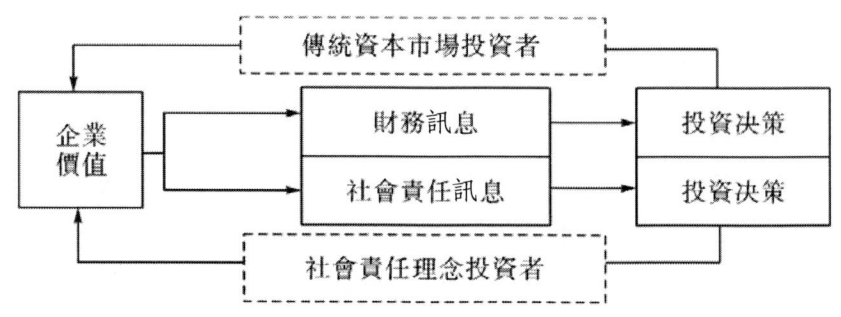

圖2-2　社會責任投資者與傳統投資者決策差異

中國社會責任投資起步較晚，但很有潛力。自2006年5月，中銀國際基金管理公司推出第一支社會責任投資基金——可持續發展股票基金以來，中國社會責任投資基金穩步發展，現有社會責任基金7支（見表2-4），還出現了社會責任、環保、低碳相關指數11種（見表2-4）。然而，無論從投資規模還是投資品種上來說，與國際相比還有很大的差距。2015年，約有26.5萬億美元的金融投資屬於社會責任投資，占全球投資總額的15%左右。而國內至2016年5月基金總規模只有107.16億元，即使是發行最早的「興全社會責任基金」規模也只有63.44億元。

此外，國內其他體現社會責任投資理念的投資，主要是銀

行的綠色信貸。綠色信貸將污染治理成果、生態保護等環境績效作為信貸審批的重要前提，督促企業自覺遵守相關法規、擔負環境責任，在引導企業履行社會責任上也發揮了重要作用。

雖然中國與美國相比差距很大，但社會責任投資在中國潛力巨大。第一，中國是世界第二大經濟體，經濟總量大，隨著社會責任投資理念的傳播，越來越多的投資者轉變投資理念，社會責任投資的影響力也會越來越強。第二，中國的經濟發展帶來了資源的過度消耗和環境污染，制約著未來經濟的可持續發展，社會責任投資可以在一定程度上識別企業的可持續發展潛力，幫助投資者篩選投資對象，反過來社會責任投資又引導企業主動承擔社會責任，實現發展模式的轉型，形成良性循環。

表 2-4　2008—2013 年國內社會責任、環保、低碳相關基金和指數

名稱	發布日期	編製公司	描述
興全社會責任	2008 年	興業全球基金	混合型基金。在追求當期投資收益實現與長期資本增值的基礎上，強調上市公司在持續發展、法律、道德責任等方面的履行。
建信上證社會責任 ETF	2010 年	建信基金	股票型基金。緊密跟蹤上證社會責任指數，追求與該標的指數表現相一致的長期投資收益。
建信上證社會責任 ETF 聯接	2010 年	建信基金	股票型基金。將絕大部分基金財產投資於上證社會責任 ETF。
匯添富社會責任	2011 年	匯添富基金	混合型基金。選擇積極履行社會責任、公司治理結構良好、管理層誠信、有獨特核心競爭優勢的上市公司，進行穩健投資。
建信社會責任	2012 年	建信基金	混合型基金。在有效控制風險的前提下，追求基金資產的穩健增值。

表2-4(續)

名稱	發布日期	編製公司	描述
財通中證100增強	2013年	財通基金	股票型基金。通過基於數量化的多策略系統進行收益增強和風險控制,力爭實現超越中證財通中國可持續發展100指數的收益水平。
財通可持續發展主題	2013年	財通基金	混合型基金。選擇可持續發展特徵突出、具有估值優勢的上市公司股票進行實際投資。
中證ECPI ESG可持續發展40指數	2010年	中證指數有限公司、ECPI	選取ECPI ESG評級得分靠前的40支股票構成樣本股。
中證財通中國可持續發展100指數	2012年	財通基金、中證指數有限公司、ECPI	以滬深300指數樣本股為樣本空間,反應ECPI ESG評級得分靠前的100支股票的走勢。
恒生可持續發展企業指數系列	2010年	恒生指數有限公司、RepuTex(2013年11月後變更為香港品質局)	恒生可持續發展企業指數包括30家香港上市企業;恒生A股可持續發展企業指數包括15家滬深上市企業;恒生內地及香港可持續發展企業指數是一個跨市場指數。
泰達環保指數	2008年	天津泰達股份有限公司、深圳證券信息有限公司	根據巨潮指數編製方法,從A股環保相關行業中選取40家構成樣本股。
深圳環保指數	2011年	深圳證券交易所、深圳證券信息有限公司	選取深圳上市的業務為環保設備製造、環保服務和清潔生產技術及清潔產品相關領域的40家公司構成樣本股。
上證社會責任指數	2009年	上海證券交易所、中證指數有限公司	以上證公司治理板塊中社會責任履行較好的公司為樣本股。
深圳責任指數	2009年	深圳證券信息有限公司	以深交所上市公司中社會責任履行較好的公司為樣本股。
CBN-興業社會責任指數	2009年	興業全球基金有限公司、上海第一財經傳媒有限公司、深圳證券信息有限公司	選取A股上市公司中披露社會責任報告,且公司治理綜合評分體系總評分超過75分的100家公司為樣本股。

表2-4(續)

名稱	發布日期	編製公司	描述
中國低碳指數	2010 年	北京環境交易所、Vantage Point、Venture Partners	選取在低碳經濟領域有代表性的40家境內外上市公司為樣本股。
南方低碳指數	2010 年	深圳證券訊息有限公司、南方報業傳媒集團、中山大學嶺南學院	選擇滬深股市中符合低碳經濟和綠色環保的40家上市公司為樣本股。
中證內地低碳指數	2011 年	中證指數有限公司	挑選日均總市值較高的50支低碳經濟主題股票為樣本股。

第三節 企業社會責任訊息決策價值

一、年報中社會責任訊息的決策價值

年報中的社會責任信息往往是以附註形式或新的列報項目披露的。前一種方法是在年報附註中加入企業社會責任履行情況的文字描述，是報告公司社會責任活動的最簡單方法。這些信息是傳統報表信息的適度補充，雖然可以作為決策的參考，但是定性描述少、不夠規範完整、缺乏可比性，對投資者的決策價值較低（解江凌等，2014）。后一種方法增加了資產負債表中的資產、負債項目和損益表中的費用，環保目的的固定資產支出作為資產列示，環境治理支出作為費用列示，未來可能的環保清理費用作為預計負債列示。這種方法將社會責任信息融入會計報表體系中，經濟成本低、省時、方便。缺點也是明顯的，由於社會責任信息與傳統會計信息差異大，這種方法不能完整地反應企業社會責任的全部信息、內容。年報中社會責任信息披露方式的優缺點如表2-5所示。

表 2-5　　年報中社會責任訊息的披露方式

披露方式	附註形式	新的列報項目
優點	是傳統報表的補充，可以作為決策的參考	將社會責任訊息納入會計體系，便於核算
缺點	定性描述少、不夠規範完整、缺乏可比性	不能完整地反應企業社會責任的履行情況

此外，許多研究表明，年報中的社會責任信息決策價值不高。Ingram（1978）調查檢驗了社會責任信息在投資決策中的有用性，但調查結果並沒有發現公司披露的社會責任信息具有投資決策價值。陳玉清和馬麗麗（2005）採用年報信息計算出企業的社會責任表現，發現市場對社會責任信息的敏感度不高。宋獻中和龔明曉（2006）採用內容分析方法對年報中的社會責任信息的質量和決策價值進行了整體評價，發現上交所643家上市公司2004年年報中社會責任信息質量偏低。

綜上所述，年報中披露的社會責任信息有一定的價值，但也有限。隨著社會各界利益相關者對企業是否履行社會責任的關注度越來越高，年報中的附帶性披露信息愈來愈不夠用，社會需要更為詳細、完整的社會責任信息，促使雇員報告、環境報告以至企業社會責任報告等獨立的非財務報告的出現。

二、獨立非財務報告中社會責任訊息的決策價值

雇員報告是企業社會責任報告的重要起源，也是出現較早的企業非財務報告。雇員報告不呈報企業的盈虧狀況，而反應企業保護雇員權益的相關信息，能夠滿足雇員對額外信息的需求。但是，一方面雇員報告的發行範圍往往局限在企業內部，沒有很大的影響力，推行的企業也較少；另一方面雇員報告披露的信息是關於員工的，對於外部信息使用者來說價值不高。

環境報告是社會責任報告出現以前，比較成熟的社會責任相關報告。與年報中的附帶性披露不同，環境報告不再是簡單而死板地描述環境問題，內容更豐富，而且還包括了更多非財務信息。徐家林等（2004）定義環境報告：「一方面，單獨披露的環境報告是一種通用性報告，符合多方面的信息需求，能夠使企業對外發佈的信息發揮最大效益；另一方面，環境報告可以通過審驗提高信息的可靠性。」作為匯總企業環境信息的綜合報告，環境報告基本能夠滿足不同環境利益相關者的信息需求。環境報告的問題在於其呈報範圍太狹窄了。環境報告的重要內容是報告企業廢物的排放和處置，而這只是企業可持續發展能力的一小部分。

環境報告后來發展為環境、健康與安全報告（EHS 報告），將雇員健康、安全生產等方面囊括進來。企業已經認識到了自身經營對生態環境的破壞、對員工健康的影響和生產經營中的安全威脅。環境、健康與安全報告不僅承載了企業在這三方面的現狀和承諾，而且通過遵從 EHS 管理，可以幫助企業提升在環境、健康與安全上的績效。EHS 報告的內容已初現綜合性，但涵蓋的範圍仍較小，對於更廣大的利益相關者來說，披露的信息是不充足的。

三、社會責任報告中社會責任信息的決策價值

社會責任報告的價值是什麼？這是每個企業在編製社會責任報告之前所應明了的問題。各個社會責任報告指南也對這個問題做出了回答。

全球報告倡議組織在 G4 版《可持續發展報告指南》中指出，可持續發展報告讓抽象的發展問題明晰化，這一可持續發展信息的披露過程可以幫助企業實現更加可持續的發展，從戰略上理解可持續發展的作用。

國際石油工業環境保護協會（IPIECA）、美國石油學會（API）和國際油氣生產商協會（OGP）在其發布的 2010 年版《石油與天然氣行業可持續發展報告指南》中明確指出了企業發布可持續發展報告的四個長期效益：強化企業價值、提升營運能力、與股東和政府的牢固關係、增強企業可信度。

目前，社會各界對社會公平、經濟發展、人類和平、環境保護這些問題的關注度越來越高，企業和社會的關係已成為企業發展中需要處理的核心問題。而根據三從底線原則編寫的企業社會責任報告，其涵蓋內容也因此豐富，並不能簡單地劃分成社會、經濟和環境三類，領域之間還有交叉（見圖 2-3）。

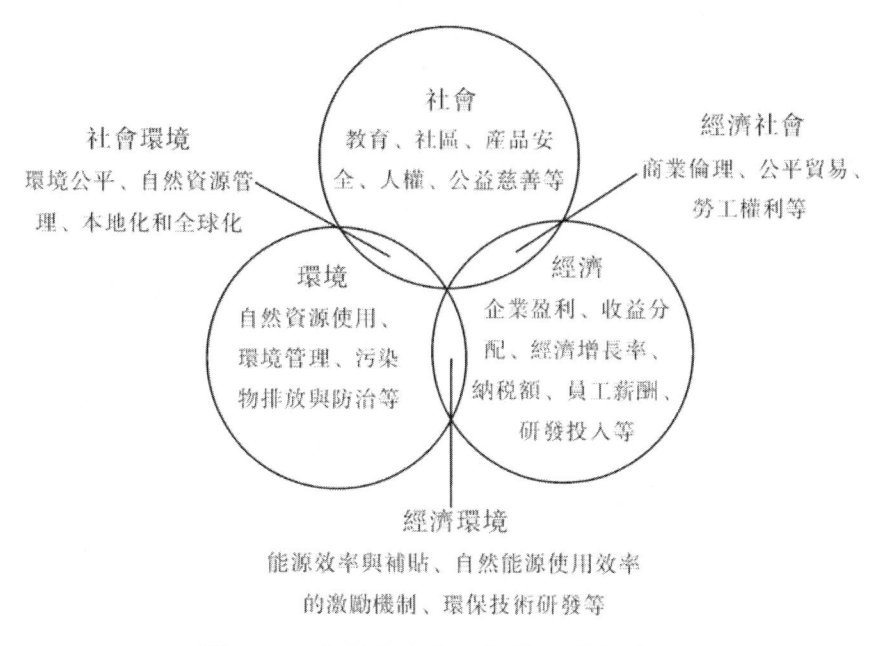

圖 2-3　企業社會責任報告承載的內容

企業社會責任報告豐富的內涵信息可以滿足廣大利益相關者的信息需求，具體而言，這些利益相關者包括了投資者、員工、消費者、政府、非政府組織以及企業管理者。總的來說，企業社會責任報告價值可以分為內在價值和外在價值兩個方面

(見圖2-4)。

	外在價值維度	內在價值維度
直接影響	提升企業社會信譽 提升企業品牌價值 獲得投資者的青睞 獲得消費者的偏愛 與政府的良好關係 獲得NGO的支持	衡量企業非財務績效 制訂持續改進計劃 獲得高層領導支持 管理風險與機會 強化部門間溝通 提高員工忠誠度
間接影響	刺激銷售 降低溝通成本 增加企業無形資產	降低經營成本 提高經營效率 增強抗風險能力

圖2-4 企業社會責任報告價值維度

從內在價值維度來看：第一，企業社會責任報告作為當前主流的非財務信息報告，可以衡量企業非財務績效，有助於評估企業實際價值；第二，編報過程中會發現自身的不足，自然就幫助企業找出了改進的目標和方向；第三，企業編製報告的過程梳理了企業已經做出的可持續發展努力和成果，給企業提供了具有戰略價值的信息；第四，因為社會責任報告的涵蓋範圍廣，所以編報過程需要多部門合作，這有助於發現部門間的溝通問題，提升營運效率；第五，在上述改善的基礎上，企業社會責任報告幫助企業提升了軟實力。

從外在價值維度來看：第一，隨著社會責任投資理念的普及，投資者越來越傾向於投資社會責任表現好的公司；第二，企業社會責任報告作為協調企業和社會關係的重要手段，通過這一方式可以改善與消費者、政府和非政府組織的關係；第三，因為當前的財務披露要求不能全面地反應企業營運活動產生的

風險、負債和收益情況，所以能否獲得企業環境業績和社會業績信息成為提高決策可靠性，甚至投資決策成敗的關鍵因素；第四，企業社會責任報告是企業與社會各利益相關者溝通的重要媒介，可以提升企業聲譽、品牌價值等無形資產；第五，特定行業的企業（比如重污染企業），能否在一地區順利合法地開展生產經營，取決於當地的接納態度，社會責任報告向各方傳遞了企業負責任的經營形象，可以緩和矛盾，降低企業營運風險。

第四節　社會訊息披露的理論基礎

一、決策有用性理論

決策有用性理論認為，企業披露社會責任信息會對企業價值產生影響。因為投資者在決策時會考慮企業發布的社會責任信息，所以企業應該及時、全面地披露社會責任信息以保持企業的市場價值（Laurita, 2001）。企業自願披露社會責任信息會對企業市場表現產生影響，體現了社會責任信息的決策有用性。王霞等（2014）對比研究了2009—2011年披露和不披露社會責任報告的公司，發現披露社會責任報告的公司真實盈餘管理程度更低，這表明通過研究社會責任報告可以辨別出財務報告質量的高低，降低投資者篩選信息的成本。另外，社會責任信息對於其他利益相關者的決策也有影響。企業的社會責任表現會影響消費者對企業產品的判斷，消費者更傾向於購買社會表現好的公司的產品，甚至願意付更高的價格（Loureiro & Lotade, 2005；馬龍龍，2011）。孫岩（2012）進一步研究了第三方鑒證對社會責任信息價值的影響路徑，發現第三方鑒證會提高個體

投資者對公司的社會責任履行情況的評價，同時也提高了公司在個體投資者心中的評價，最終會提高個體投資者的投資意願。李姝等（2013）研究發現企業首次披露社會責任報告能夠降低權益資本成本，這表明社會責任報告信息的披露會影響中國投資者的投資決策。

綜上所述，基於決策有用性理論，企業應當披露社會責任信息，幫助利益相關者正確評價企業，提高企業價值。

二、利益相關者理論

利益相關者理論認為，企業的生存和發展依靠各利益相關者的支持，企業在社會中的生產經營活動要以股東價值最大化為目標，同時也要兼顧員工、供應商、客戶、債權人等利益相關者的利益。雖然一些研究表明社會責任信息對於投資者來說可能沒有價值（Ingram，1978；McMillan，1996；陳玉清和馬麗麗，2005；宋獻中和龔明曉，2006），但從其他利益相關者的角度來看就會得出不同的結論，更廣泛意義上的利益相關者可能對企業社會責任信息感興趣。Rockness et al.（1988）就認為，應該將投資者區分為一般投資者和社會（或道德）投資者，而一般的投資者對社會責任報告信息根本沒有興趣。研究者認為社會責任報告信息披露會給更廣泛的利益相關者帶來利益，而不僅僅是給通常只對財務報告感興趣的「主流投資者」帶來利益（Gray，2000；Hockerts & Moir，2003；Godfrey et al.，2009）。Ullmann（1985）認為企業的社會責任信息披露是企業履行社會責任中必不可少的環節，社會責任信息披露是一個重要的與利益相關者對話的窗口。

總而言之，利益相關者理論認為，與傳統的財務信息相比，社會責任報告信息的潛在受眾更多，除一般的投資者外，政府、媒體以及非政府組織都會對公司發布的社會責任報告信息產生

興趣。因此，企業需要回應各利益相關者的需求，披露社會責任信息。

三、組織合法性理論

組織合法性理論認為，社會構建了一個包含規範、價值、信念和定義的體系，在這一體系中，只有組織的行為被認為可取、恰當，才被認為是合法的（Suchman, 1995）。社會的發展改變了社會對企業的期望，一些從前「合適的」行為現在被認定為「不合適」，企業就需要做出改變以迎合社會的期望，謀求合法性資格。組織合法性理論假設企業與社會之間存在社會契約，由於這一契約企業與社會相互之間就存在責任，企業的合法性行為是為了建立、維持和修復這一社會契約（David et al., 2003）。Islam & Deegan（2010）研究了新聞報導對企業社會責任信息披露的影響。研究發現，對某一企業的負面報導越多，這一企業就越可能披露更多自身的正面的、積極的社會責任實踐活動。這表明企業社會責任信息披露的合法性動機，即企業為了證明自身行為是符合社會期望的，扭轉不利形象，而向社會披露社會責任實踐信息。

綜上所述，組織合法性理論認為企業需要通過披露社會責任信息謀求合法性資格，否則將不利於企業的生存和發展。

四、社會契約理論

企業是一系列契約的聯結，企業與股東、員工、供應商、客戶、債權人、社區、政府等利益相關方存在多邊契約。而契約又分為顯性契約、隱性契約和潛在契約三類。顯性契約包括股東、員工、供應商、客戶等直接利益相關者，隱性契約包括社區、政府等間接利益相關者（刁宇凡，2013），潛在契約包含

了后代子孫、自然環境和非人生命等。企業使用了契約另一方的某些資源，企業就需要承擔相應義務。這些契約也約定了企業承擔社會責任的範圍。譬如，股東為企業提供了資金，企業就需要給股東創造利潤；客戶購買了商品，企業要保證商品的質量等。基於社會契約理論，如今企業的影響已不再局限於經濟領域，而是在經濟、環境和社會三個層面使用著社會的資源，於是企業就有義務履行社會責任，對社會負責，為實現社會的可持續發展而努力。

綜上所述，企業是一系列契約的聯結，對締約方負有責任，面對高度關注企業社會責任履行的社會各界，這一壓力促使企業履行社會責任，並披露相關信息。

五、企業公民理論

企業公民理論認為與自然人一樣，企業也是公民，社會賦予企業享有權利的同時，企業也必須相應地遵守義務（Matten et al., 2003）。Néron & Norman（2008）描述了狹義和廣義的企業公民概念。狹義的企業公民概念指企業要做一些「善行」，比如支持慈善事業就是最常見的一種。廣義的企業公民概念中，企業要思考與各利益相關者的關係，包括了股東、員工、環境和其他社區利益相關者。企業需要注意經營活動對利益相關者的影響，並針對相關問題提出解決方案，包括企業如何對待員工和員工的家庭，企業的生產經營對當地環境的影響，以及如何與地方當局或非政府組織合作，改善當地社區生活。

綜上所述，社會賦予企業經營的權利，讓企業受託管理運用這些社會資源，保障企業的合法利益，那麼企業也需要履行相應的責任，為社會的和諧發展行使社會賦予的權利，合理地利用這些資源。企業為社會的和諧發展做貢獻，不僅要努力經

營為社會創造價值，還需要擔負倫理道德層次的責任，履行社會責任，做一個好的社會公民。

六、戰略管理理論

戰略管理理論將企業的戰略管理與企業社會責任結合起來，認為企業通過承擔社會責任可以獲得競爭優勢。許多研究表明，由於社會責任影響企業利益相關者的決策，所以在企業戰略制定、實施和評價時，必須要把履行企業社會責任囊括進來（Ullmann，1985）。社會責任報告的發布可以為企業帶來好的聲譽，是維護和建立良好企業形象的有效工具。在一些行業，特別是在人們特別關注的嚴重影響環境的重污染行業，披露社會責任信息，可以緩解外界壓力，對企業聲譽產生積極的影響（Williams & Siegel，2000）。Hooghiemstra（2000）認為企業的信息披露是企業與外界溝通的有效手段，並提出一個企業披露社會責任信息框架，在這一框架中，企業形象是核心，社會責任信息披露是手段，緩解外界公眾和媒體壓力是目的。

除了維護和提高企業聲譽形象，從戰略層次講，社會責任信息披露還會給企業帶來新的價值。Porter & Kramer（2011）研究了企業履行社會責任在經濟新增長中的作用。他們認為傳統的資本主義以「利潤」為核心，企業一味地追求利潤可能導致壞的結果。環境、衛生、教育和就業機會等社會問題越來越受到社會關注的同時，也給企業提供了更多的機會。關注這些問題，並在保證社會利益的基礎上進行企業價值創造，能夠給企業建立起可持續的競爭優勢。

表2-6將上述六種社會責任信息披露相關理論做一呈現。

表 2-6　　　　　　　社會責任訊息披露相關理論

理論	主要觀點	參考文獻
決策有用性理論	企業披露社會責任訊息會對企業價值產生影響。	Laurita（2001） Loureiro & Lotade（2005）
利益相關者理論	企業披露社會責任訊息是回應各利益相關者的需求。	Hockerts & Moir（2003） Godfrey et al.（2009）
組織合法性理論	企業通過披露社會責任訊息謀求合法性資格。	Suchman（1995） Islam & Deegan（2010）
社會契約理論	企業是一系列契約的聯結，對締約方負有責任。	刁宇凡（2013）
企業公民理論	企業也是公民，社會賦予企業享有權利的同時，企業也必須相應地遵守義務。	Matten et al.（2003）
戰略管理理論	企業通過承擔社會責任可以獲得競爭優勢。	Porter & Kramer（2011）

資料來源：作者整理。

第五節　本章小結

本部分從企業社會責任報告的歷史溯源、國內社會責任報告發展的制度背景、社會責任信息的價值、社會責任信息披露的相關理論四個方面展開，詳細闡述了本研究的制度背景和理論基礎。

具體而言，首先梳理了社會責任信息披露從年報中的附帶性披露，到單獨的雇員報告、環境報告、HSE 報告，再到綜合性企業社會責任報告的產生、發展和成熟的歷史過程。其次，對中國上市公司社會責任信息披露的制度背景進行分析。分析了中國社會責任信息披露背后的政治經濟力量（政府及相關監

管部門、非政府組織、新聞媒體和投資者），有助於進一步瞭解中國社會責任信息披露的動機和原因。再次，討論了社會責任信息的決策價值，分別論述了三個階段（年報中附帶性信息、獨立非財務報告、社會責任報告）中，社會責任信息的決策價值，解釋了企業披露社會責任信息的實踐意義。最后，介紹了決策有用性理論、利益相關者理論、組織合法性理論、社會契約理論、企業公民理論和戰略管理理論等社會責任相關理論，為研究社會責任信息的決策價值提供了理論基礎。

第三章　文獻綜述

第一節　基於投資者視角的社會責任信息決策價值研究

社會責任報告是否有價值，是自社會責任報告產生之日起，就困擾著學術界和實務界的問題。雖然已有文獻研究了社會責任信息對投資者是否具有決策價值，但是得出的結論不盡相同。Ingram（1978）最早調查檢驗了社會責任信息在投資決策中的有用性，但調查結果並沒有發現公司披露的社會責任信息具有投資決策價值。隨后，McMillan（1996）的調查研究也得出了類似的結論。然而，Patten（2002）卻認為社會責任信息在長期來看具有一定的投資決策價值。Dhaliwal et al.（2009）研究發現社會責任績效好的公司會吸引機構投資者和分析師的關注。Cox et al.（2011）分析了不同機構投資者的投資決策，將他們分為投資型和投機型兩類，發現投資型的機構投資者相比於投機型機構投資者，更願意投資在社會責任方面表現好的公司。

在中國，陳玉清和馬麗麗（2005）是此類研究的先行者，他們以2003年A股上市公司年報中披露的社會責任報告信息為研究對象，結果發現信息使用者對社會責任報告信息的關注程

度不高。宋獻中和龔明曉（2006）採用內容分析方法對年報中的社會責任信息的質量和決策價值進行了整體評價，通過對會計專業人士的問卷調查，發現上交所643家上市公司2004年年報中社會責任信息質量偏低。解江凌等（2014）比較了114家2006—2012年央企的社會責任報告，認為定性描述少、不夠規範完整、缺乏可比性，決策價值較低。這些研究中的社會責任信息還處於中國的社會責任信息披露的起步階段，經過多年的發展，社會責任信息披露質量是否會有不同？李正和李增泉（2012）以滬深兩市2009年和2010年的940家公司為研究對象，通過實踐研究法發現社會責任報告的第三方鑒證信號會向市場傳遞積極信息，引起市場的正向反應。孫岩（2012）進一步研究了研究第三方鑒證對社會責任信息價值的影響路徑，發現第三方鑒證會提高個體投資者對公司的社會責任履行情況的評價，同時也提高了公司在個體投資者心中的評價，最終會提高個體投資者的投資意願。李姝等（2013）研究發現企業首次披露社會責任報告能夠降低權益資本成本，這表明社會責任報告信息的披露會影響中國投資者的投資決策。但社會責任報告質量的高低對權益資本成本的影響並不顯著，可能的原因是社會責任報告信息質量普遍較低。

第二節　基於利益相關者視角的社會責任信息決策價值研究

因為企業的生存和發展依靠各利益相關者的支持，所以企業履行社會責任要考慮到各利益相關者的利益。然而，不同利益相關者對企業的訴求是不同的，對各利益相關者而言，社會責任信息的價值可能是不一致的。Rockness et al.（1988）就認

為，應該將投資者區分為一般投資者和社會（或道德）投資者，而一般的投資者對社會責任報告信息根本沒有興趣。Epstein et al.（2001）進一步分析指出，「投資者導向」信息投資決策有用性研究在社會責任報告信息研究中是基礎的、必不可少的，但在經驗研究中「投資者導向」意味著研究更多的是從經濟而不是道德的角度來進行，這樣就使涉及面甚廣的社會責任報告信息決策研究存在局限性。因此，就有必要和意義通過問卷調查或實地訪談來研究社會責任報告信息決策價值。

儘管少數研究者對社會責任報告信息披露存在偏見，認為企業會利用此進行自我營銷（Guthrie & Parker, 1989），但更多研究者認為社會責任報告信息披露會給更廣泛的利益相關者帶來利益，而不僅僅是給通常只對財務報告感興趣的「主流投資者」帶來利益（Gray, 2000；Hockerts & Moir, 2003；Godfrey et al., 2009）。因為與傳統的財務信息相比，社會責任報告信息的潛在受眾更多，除一般的投資者外，政府、媒體以及非政府組織都會對公司發布的社會責任報告信息產生興趣。一些調查研究表明，利益相關者信息需求在一定程度上提高了透明度（Willis, 2003；Sievänen et al., 2013）。郝祖濤等（2014）通過對 30 家企業的調查研究，認為政府的環境規制、非政府組織營造的社會導向和輿論壓力都會促使企業提高環境表現，提高披露的環境信息質量。韓潔等（2015）以 2009—2013 年 A 股上市公司為研究對象，發現企業社會責任報告的披露存在組織間模仿行為，同一地區同行業企業中有一家披露了企業社會責任報告，會促使其他企業披露。而且以社會（或道德）投資者和顧客為代表的利益相關者要求越來越多的社會責任報告信息，這類信息強烈地影響其投資和購買決策，甚至在決策時將社會業績與財務業績放在同等重要的地位（Rockness & Williams, 1988）。Ioannou & Serafeim（2014）認為企業社會責任的評級和

分析師的投資建議具有相關關係，當分析師認為企業披露社會責任報告存在代理成本時，他們會給社會責任評級高的公司以悲觀的投資建議。劉紅霞和李任斯（2015）以 2008—2012 年 A 股上市公司為樣本，研究了社會責任報告在緩和企業與利益相關者之間的信息不對稱中發揮的作用。發現管理層在職消費越低的公司越願意披露社會責任報告，向市場提供積極的信息。

第三節　呈報形式與社會責任訊息決策價值

信息的呈報通常涉及兩個層次：第一層次是報告什麼，即信息的內容；第二層次是怎樣報告，即信息的呈報形式。研究表明，呈報的變化會影響信息決策價值（Dickson et al., 1986; Jarvenpaa & Dickson, 2010）。Dunn & Grabski（2001）比較了傳統 DCA（Debit-Credit-Account）會計模式和 REA（Resources-Events-Agents）會計模式呈報對使用者決策的影響，發現 REA 模式不僅提高了決策速度還提高了決策準確性，甚至使非專業人士表現優於專業人士。那麼不同呈報形式是否也會對信息決策價值產生類似的影響呢？著眼於圖形和表格形式，大多數研究表明圖形具有決策優勢（Miller, 1956; Chernoff, 1972; Moriarity, 1979; Umanath & Vessey, 1994; Jarvenpaa & Dickson, 2010; 毛洪濤等, 2014），也有一些文獻表明表格呈報也有決策優勢（Desanctis & Jarvenpaa, 1989; So & Smith, 2004; Cardinaels, 2008）。下文將現有文獻分為圖形形式的呈報優勢和表格形式的呈報優勢兩類，歸納呈報影響決策價值的相關理論，歸納呈報形式影響信息決策價值路徑。

一、圖形呈報形式與社會責任訊息決策價值

现有文献主要研究了图形和表格两种呈报格式对信息决策价值的影响,将图形形式、文字形式和表格形式进行比较,多数研究表明图形具有呈报优势,能够提高决策准确性和决策效率。Washburne（1927）研究了表格、条形图、象形图、折线图以及陈述形式的五种数据呈报形式,认为条形图是描述复杂静态数据的最好形式,折线图适合用来描述动态数据,象形图适用于简单数据的比较,表格在数字为整数时是比较好理解的,而陈述形式是最难理解的呈报类型。心理学研究表明,信息使用者存在信息瓶颈,限制了接收、处理和记忆的信息量（Miller, 1956）。当个人接收的信息量超过了个人所能处理、利用的范围时,信息过载就发生了,导致信息使用者决策低效率甚至错误。图形能提高信息决策价值的原因在于图形可以刺激人眼接收更多信息,通过加深人们对信息的记忆和理解,提高决策者处理数据的能力（Miller, 1956; Chernoff, 1972）。Umanath & Vessey（1994）认为图形的呈报方式既保留了原始数据的特征,又对大量复杂的数据进行了一定程度的整合,图形的这一特点提高了决策准确性和决策效率。Moriarity（1979）设计了一个实验,向参与者提供了22家公司1969—1974年六年的财务数据,要求参与者判断公司是否会破产。实验表明,相比于使用主要财务数字或财务比率的参与者,使用脸谱图（Schematic Faces）的参与者对公司财务状况的判断更为准确。Dickson et al.（1986）的研究表明,在决策信息量非常大的情况下,图形呈报形式的呈报优势明显。Harvey & Bolger（1996）研究了呈报形式对管理者盈利预测判断准确性的影响,参与者被分成两组,一组的往年盈利趋势数据以图形形式表示,另一组以表格形式表示,结果图形呈报组预测误差更小,准确性也

更高。

雖然大量研究證明了圖形形式的呈報優勢，但圖形的呈報優勢還會受到其他因素的影響（So & Smith, 2004）。一些研究並沒有發現圖形具有顯著的呈報優勢。Dickson et al.（1986）以840位商學院三、四年級學生為實驗對象，實驗研究了圖形呈報形式與表格呈報形式導致的決策差異。實驗表明，在決策質量和解釋精度方面，無論是柱狀圖還是折線圖都與表格沒有顯著差異。Cheri（2006）發現除了複雜的數值型任務，圖形和表格在決策時間上是相等的。這些研究表明一些因素，如決策者專業水平（Chandra & Krovi, 1999；Wright, 2001）、思維習慣（（Ashton, 1976；Hirst & Hopkins, 1998），甚至個人的情感偏好（Moreno et al., 2002）、決策任務類型（Vessey & Galletta, 1991）等都會影響圖形的呈報優勢。Jarvenpaa & Dickson（2010）認為總的來說圖形是一種較好的呈報形式，在研究已有文獻的基礎上，提出了一套指導方針，指導報表編製者如何正確使用圖形，發揮圖形的呈報優勢。

二、表格呈報形式與社會責任訊息決策價值

一些文獻發現與圖形相比，表格呈報也有其優勢。Desanctis & Jarvenpaa（1989）研究發現雖然圖形形式可以提高財務預測判斷的準確性，但與表格組對比，圖形組的參與者對自己判斷是否準確的自信程度更低。一些學者也擔心經過圖形化的信息會誤導決策者。Diamd & Lerch（1992）的實驗表明表格形式的呈報可以減輕框架效應的影響。So & Smith（2004）認為雖然比率數字（硬數據）比圖形呈報（軟數據）更有決策價值，但因為圖形呈報（軟數據）更好理解，所以決策者會以圖形作為決策依據。於是，在財務報告編製者不能正確使用圖形時，可能會嚴重誤導報告使用者的決策。

將信息使用者劃分為專業水平高與專業水平一般兩類，專業水平高的決策者可能更傾向於使用表格決策（Desanctis & Jarvenpaa，1989）。Cardinaels（2008）發現決策者傾向選擇的呈報形式與其成本會計知識水平之間存在顯著相關關係。實驗中作業成本法數據被編寫為表格和圖形形式，參與者需要以此為依據分析企業獲利能力。結果發現，專業知識水平低的參與者在圖形呈報時表現較好；而專業知識水平高的參與者在圖形呈報時的表現不如表格呈報時。專業的決策者是分析型的，對他們來說表格呈報能提供各種細節，圖形呈報雖然能加快決策速度，但缺少了細節信息使他們難以做出判斷。

第四節　呈報影響社會責任訊息決策價值的理論依據

針對圖形與表格決策價值研究結論的差異，學者們開始思考呈報格式影響信息決策價值的內在因素（Mackay & Villarreal，1987；Chandra & Krovi，1999；唐亞軍和吉利，2014；毛洪濤等，2014）。學者們發現呈報格式影響信息決策價值主要源於信息使用者在利用決策信息時遇到的認知困難（Miller，1956；Ashton，1976；Wright，2001；Moreno et al.，2002）。據此，學者提出了認知適配理論（Cognitive Fit Theory）、具象相合理論（The Theory of Representational Congruence）和功能註視假說（Functional Fixation Hypothesis）來解釋呈報形式對決策價值的影響。

認知適配理論認為呈報形式與任務目標的匹配有助於減輕認知困難，更好地解決問題。Vessey & Galletta（1991）將決策任務目標劃分為空間任務和符號任務兩類，前者突出數據間的

比較和聯繫，圖形呈報形式更優；后者突出數據處理和分析，表格呈報形式更優。研究表明，呈報形式與任務目標相契合能夠降低使用者的認知困難，使解決問題更為容易，從而提高了信息的決策價值。相反，若呈報形式與任務目標不匹配，信息使用者還需要將信息進行轉換，增加信息使用者的決策時間，或者造成認識上的錯誤，影響決策準確性。Tuttle & Kershaw（1998）研究了認知適配理論在制定企業整體策略中的作用。實驗表明直覺型的決策者更適合使用空間信息決策，即與圖形呈報方式契合；分析型的決策者更適合使用符號（數字）信息處理任務，即與表格呈報方式契合。由認知適配理論可知，不同的決策任務的最佳呈報形式可能是不同的。

　　具象相合理論是認知適配理論的發展和延伸，這一理論支持個人特徵會影響圖形和表格呈報形式的決策效果。具象相合理論認為信息呈報形式和使用者認知模式、認知水平的匹配可以減輕認知負擔，有益於決策，而不匹配會導致認知困難，造成決策效率不高甚至錯誤（Chandra & Krovi, 1999；Arnold et al., 2004）。Chandra & Krovi（1999）解釋了認知困難的產生過程，信息使用者得到信息后會將其轉化為符合內部思維模式的信息儲存，信息形式與內部思維模式的不一致，會導致信息儲存的低效率。Arnold et al.（2004）研究了智能決策輔助工具在專家決策者和新手決策者判斷中起的作用，發現智能決策輔助工具加劇了新手的決策偏見，減輕了專家在決策過程中的偏見，原因在於輔助工具的專業性，使其與新手認知水平不匹配。毛洪濤等（2014）將參與實驗的會計專業碩士（MPAcc）分成個人能力水平高和個人能力水平低兩類，發現前者使用圖形格式時決策效率更高，后者使用圖形格式比使用表格形式管理會計報告時準確性、效率更高。具象相合理論解釋了信息使用者認知困難產生的內因，通過使用與信息使用者認知模式、認知水

平匹配的呈報形式，可以緩解認知困難。

功能註視假說認為，當個人專注於某一對象的某一意義時，就無法關注到對象的其他意義。在決策行為中，功能註視表現為一種思維的慣性，由於不能轉變過去的決策習慣，就會受到固有認知的限制。Hirst & Hopkins（1998）發現當公司會計政策變更，將會計信息從報表中移到報表附註披露后，財務報表使用者受原信息呈報方式的影響很大。功能註視假說同具象相合理論一樣，認為個人特徵會影響圖形和表格呈報形式的決策效果，經驗豐富的決策者受到的功能註視影響較小。功能註視假說解釋了不同信息使用者之間認知模式差異產生的緣由，同時也認為信息使用者通過學習可以緩解功能註視（Luft & Shields，2001）。

一些呈報形式研究還涉及框架效應理論（Framing Effect）。框架效應是指決策者對以不同方式表達的同一情景，會做出不同的決策（Tversky & Kahnema，1981；Kühberger，1995）。框架效應理論后來被抽象化、規範化，不再局限於心理學領域，成為一個適用範圍廣泛的理論。Piñon & Gambara（2005）將其表述為，一個決策問題有兩種表現形式 T+（即框架 F+）和 T-（即框架 F-），框架效應就是指人們在框架 F+與框架 F-下做出的不同反應。針對框架效應，現有呈報形式研究主要集中在如何緩和框架效應對信息使用者決策的影響。Diamd & Lerch（1992）研究發現表格形式的呈報可以減輕框架效應的影響。框架效應的存在影響信息使用者決策，呈報形式可能會影響框架效應的強弱。

第五節　本章小結

在經濟全球化的今天，企業履行社會責任日益受到各國資本市場監管部門、社會公眾和投資者的關注，社會責任信息的披露已成為一種趨勢。2006年以來，中國企業發布社會責任報告的熱情持續增長，帶來的是社會責任報告的數量激增。然而，當前的社會責任報告存在數量激增而質量難以保證的困境，困擾著學術界和實務界。社會責任報告信息是否有決策價值？如何提高其決策價值？對社會責任報告信息的決策價值進行研究，已然成為學術界一項非常緊迫的任務和難題。目前，有關呈報格式和社會責任報告信息決策價值的研究不足如下：

第一，研究領域。在會計信息呈報形式越來越多樣化的背景下，圖形和表格呈報形式被廣泛應用於會計報表、管理會計報表、社會責任報告中，研究呈報形式對提高信息決策價值的作用，就十分重要和必要。但現有研究主要集中在財務會計、管理會計領域，研究的多是企業的財務信息，很少研究非財務信息，而幾乎沒有涉及社會責任報告這一重要非財務報告。

第二，研究方法。一直以來，國內缺乏專門針對社會責任報告信息決策價值的調查式研究。國內社會責任報告信息決策價值的研究則大多是規範研究、案例研究和經驗研究，缺少調查式研究。而由於使用者對社會責任信息決策價值的判斷是主觀的，規範研究、案例研究和經驗研究都不能直接反應社會責任報告信息決策價值的高低，必須使用調查的研究方法。

第三，呈報形式種類。現有研究主要集中在對圖形和表格兩種呈報形式的對比討論，對同時以圖形和表格呈報的「圖表結合」形式研究較少，而在社會責任報告中這種「圖表結合」

形式很常見。對信息使用者來說，提供「圖表結合」的信息是否能更好地輔助其決策，需要研究來證實。

第四，文字定性信息。現有研究主要是對數值定量信息的研究，而對文字定性信息這一非常重要的信息，少有研究涉及。相比於財務會計報告和管理會計報告，社會責任報告等非財務報告中，文字定性信息占了很大的篇幅，研究文字定性信息就非常必要。那麼呈報格式對於文字定性信息決策價值的影響是怎樣的，與數值定量信息是否相同，都亟待新研究的補充。

本研究旨在通過問卷調查研究，全面而系統地透析影響社會責任報告信息決策價值的各權變變量和行為動因，充分地揭示呈報形式、信息使用者認知對社會責任報告信息決策價值的影響及其作用機理，並在此基礎上，研究如何提高社會責任報告信息的決策價值。

第四章 理論分析與研究假設

第一節 呈報形式與社會責任訊息決策價值的關係

一、社會責任訊息獲取與認知困難

決策是一個複雜的過程,需要從多個備選方案中選取最優行動方案,涉及信息的獲取、處理和輸出三個過程(Libby & Lewis,1977),其中獲取信息是最為基礎的一個過程,只有實現了這一步,才能為決策提供依據。信息使用者要實現對信息的獲取,必然需要付出認知努力(Cognitive Effort)——指信息使用者付出的理解和使用信息的成本,涵蓋搜索信息至做出決策的整個過程,而使用者付出認知努力時,可能還會遇到認知困難。

第一,個人接受的信息量超過了個人所能處理、利用的範圍時,可能會造成信息過載(Information Overload)。Moriarity(1979)發現臉譜圖更能幫助參與者正確判斷公司財務狀況,但當給臉譜圖加上解釋后,反而使參與者判斷的正確率下降了,表明文字信息妨礙了判斷。第二,信息使用者受到固有認知的限制(Ashton,1976),即功能註視(Functional Fixation)——

當個人專注於某一對象的某一意義時，就無法關注到對象的其他意義，功能註視表現為一種思維的慣性，不能轉變過去的決策習慣。Hirst & Hopkins（1998）發現財務報表使用者的判斷會受數據在報表中的計算和呈現方式影響，而且當公司會計政策變更后，其判斷仍受原有政策的影響。第三，情感反應（Affective Reactions）也是認知困難之一。Moreno et al.（2002）研究了管理者情緒對其風險偏好的影響，在資本預算決策中，正面的情感使管理者更偏好風險，負面的情感則與之相反。

　　研究表明，改變呈報形式可以緩解認知困難，降低人們的認知努力，幫助人們更好地獲取信息。Miller（1956）認為人們存在信息瓶頸，限制了接收、處理和記憶的信息量，以圖形呈報可以打破這一瓶頸，提高人們的數據處理能力。Umanath & Vessey（1994）認為圖形的呈報方式既保留了原始數據的特徵，又對複雜大量的數據進行了一定程度的整合，圖形的這一特點提高了決策準確性和決策效率。Moriarity（1979）設計了一個實驗，向參與者提供了22家公司1969—1974年六年的財務數據，要求參與者判斷公司是否會破產。實驗表明，相比於使用主要財務數字或財務比率的參與者，使用臉譜圖的參與者對公司財務狀況的判斷更為準確。毛洪濤等（2014）採用實驗研究法發現，通過改變信息呈報形式可以提高信息使用者決策的準確性和效率。

二、呈報形式影響社會責任訊息價值路徑

　　從認知適配理論的角度出發，人們認知處理判斷策略與信息的呈報形式之間存在適配關係，呈報形式與任務目標的匹配有助於減輕認知困難，更好地解決問題（Vessey & Galletta，1991）。Vessey & Galletta（1991）將任務目標劃分為空間任務和符號任務兩類，前者突出數據間的比較和聯繫，圖形呈報形式

更優；后者突出數據處理和分析，表格呈報形式更優。Tuttle & Kershaw（1994）通過實驗研究表明，呈報形式與任務目標相契合，能夠降低使用者認知困難，使解決問題更為容易，從而提高了信息的決策價值。

　　根據上文的分析，可見呈報形式影響的是信息的可理解性。根據 FASB 構建的會計信息質量評價體系，信息可理解性是影響信息「決策有用性」的基礎性信息質量特徵，是實現信息決策價值的前提條件。其他各國的會計概念框架也都將可理解性列為重要的質量特徵。英國會計準則委員會將會計信息質量特徵分為內容相關和表述相關的兩類，可理解性屬於表述相關的質量特徵。FASB 將會計信息質量特徵分為基本質量特徵和增進質量特徵，可理解性屬於增進質量特徵。呈報形式使信息更容易理解，提高了信息可理解性。通過影響可理解性這一信息質量特徵來影響信息決策價值，是呈報形式提高信息決策價值的實現路徑。圖 4-1 描述了這一路徑。

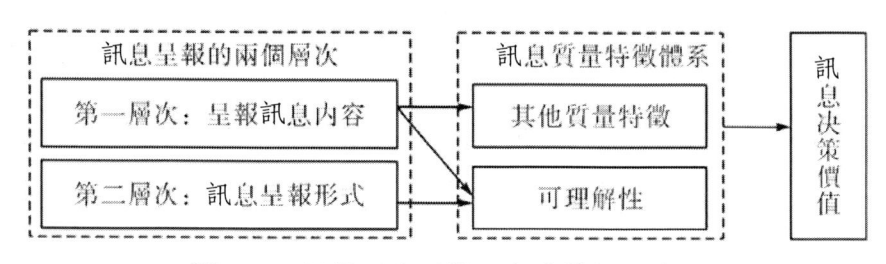

圖 4-1　呈報形式影響訊息決策價值路徑

綜上所述，筆者提出如下假設：

H1：相對於表格式呈報格式，企業社會責任信息圖形式呈報格式決策價值更高；

H2：相對於表格單一呈報方式，企業社會責任信息圖表結合呈報方式決策價值更高；

H3：相對於圖形單一呈報方式，企業社會責任信息圖表結合呈報方式決策價值更高。

第二節　認知水平差異對社會責任信息價值的影響

認知心理學理論認為，人是非完全理性的，人的認知能力也是有限的。雖然決策者追求理性的決策，但是由於認知處理能力的限制，經常無法滿足複雜的、非結構化問題的需求。為此，學者提出了認知適配理論，認為呈報形式與任務目標的匹配有助於減輕認知困難（Vessey & Galletta, 1991; Tuttle & Kershaw, 1994）。一些學者通過研究也提出了改善呈報形式與決策者之間的適配來緩解認知困難的辦法（Arnold et al., 2004；毛洪濤等, 2014）。研究者也發現一些呈報形式能夠緩解信息使用者的認知困難，幫助信息使用者在更短的時間內理解和使用信息（Miller, 1956; Wright, 1995; Arnold et al., 2004）。然而，這些研究並沒有考慮決策者自身認知水平差異的影響，而呈報形式對不同能力決策者的影響是有差異的。Wright（2001）比較了經驗不足的新人、有經驗的項目經理和有更多經驗的高級項目經理以及審計合夥人對貸款可收回性的判斷，結果發現更多的經驗使審計師判斷更為恰當和無偏見。

決策的主體是人，決策價值的實現必然受到決策者個人能力差異的影響。當信息使用者個人能力較低時——對決策問題不熟悉或沒有相關知識、經驗，其內部認知模式較簡單，無法處理過多、過複雜的信息，選取合適的呈報形式可以幫助決策者緩解認知困難，從而提高決策績效（Ghani et al., 2009）。與之相反，相比於個人能力較低的信息使用者，個人能力高的信息使用者通過長期學習或實踐，具備了較高的專業素養，可以緩解認知困難（Luft & Shields, 2001）。這樣的決策者信息的理

解和處理能力更強，能夠負載更多信息，就可以從大量複雜的信息中獲取有用數據，發現信息間的關聯，更快、更準確地分析、解決問題。綜上所述，筆者提出如下假設：

H4：對同一社會責任信息，信息使用者的社會責任知識水平越高，信息決策價值越高；

H5：相比於認知能力高的信息使用者，表格和圖形形式信息的決策價值差異在認知能力低的信息使用者中更為顯著；

H6：相比於認知能力高的信息使用者，表格和圖表結合形式信息的決策價值差異在認知能力低的信息使用者中更為顯著；

H7：相比於認知能力高的信息使用者，圖形和圖表結合形式信息的決策價值差異在認知能力低的信息使用者中更為顯著。

第三節　本章小結

決策是一個複雜的過程，需要從多個備選方案中選取最優行動方案，涉及信息的獲取、處理和輸出三個過程，其中獲取信息是最為基礎的一個過程，只有實現了這一步，才能為決策提供依據。信息使用者要實現對信息的獲取，必然需要付出認知努力——指信息使用者付出的理解和使用信息的成本，涵蓋搜索信息至做出決策的整個過程，而使用者付出認知努力時，可能還會遇到認知困難。本章以框架效應理論和具象相合理論為依據，梳理呈報格式、信息使用者認知差異和信息決策價值之間的邏輯關係，推導呈報形式影響社會責任信息決策價值的作用機理。在此基礎上，提出本書的研究假設。

第五章　企業社會責任報告決策價值問卷設計

第一節　企業社會責任信息決策價值專家調查問卷

一、專家調查問卷內容的篩選

1. 篩選依據

因為要研究呈報形式對社會責任信息決策價值的影響，若社會責任信息本身決策價值不高，這一影響就難以體現出來，所以就需要篩選出決策價值高的社會責任信息。專家調查問卷就是為了這一目的設計的，通過對社會責任信息進行科學合理的篩選，為下一步製作呈報形式問卷打下基礎。

專家調查問卷會對社會責任信息進行兩次篩選。第一次是對專家調查問卷中調查的社會責任信息進行篩選。由於問卷調查本身存在固有缺陷，所以在問卷設計環節，筆者根據現有研究（宋獻中和龔明曉，2006；吉利等，2013；毛洪濤等，2014）有針對性地做出一些設計，以減輕這些缺陷對問卷數據質量的影響。通過比較社會責任報告編寫指南、第三方評估標準，篩

選出具有代表性、重要性的社會責任信息，作為製作問卷的基礎（對比結果見表5-1）。參考的編寫指南、評估標準分為三個層次：

第一個層次，是國際上得到廣泛認可的兩份社會責任報告編寫指南——全球報告倡議組織的《可持續發展報告指南（G4）》（簡稱G4）和國際標準化組織的《ISO 26000社會責任指南（中文版）》（簡稱ISO），這兩個標準通用性強、影響範圍大，大多數的社會責任報告編寫都會參照這兩個標準。

第二個層次，是國內有影響力的三個評估標準和一個編寫指南，包括潤靈環球責任評級的《潤靈環球MCT社會責任報告評級體系（2012）》（簡稱潤靈環球）、商道縱橫的《企業社會責任報告關鍵定量指標指引1.0》（簡稱商道縱橫）、金蜜蜂企業發展研究中心的《金蜜蜂GB-CRAS2009評估體系》（簡稱金蜜蜂）以及中國社會科學院經濟學部企業社會責任研究中心的《中國企業社會責任報告編寫指南2.0》（簡稱編寫指南）。選擇這四個標準的原因是中國企業的社會責任信息披露具有中國特色，兩個國際標準具有最強的通用性，但一些披露項目可能並不適合中國，而且可能存在有中國特色的企業社會責任項目。

第三個層次，是國內外行業性、區域性社會責任報告編寫指南，選擇這些標準是為了更全面地理解國內外社會責任報告披露信息的價值，包括深圳證券交易所發布的《深圳證券交易所上市公司社會責任指引》（簡稱深交所）、上海證券交易所發布的《上海證券交易所上市公司環境信息披露指引》（簡稱上交所）、中國工業經濟聯合會等發布的《中國工業企業及工業協會社會責任指南（第二版）》（簡稱工業企業）、國務院國有資產監督管理委員會發布的《關於中央企業履行社會責任的指導意見》（簡稱中央企業）。

表 5-1　對國內外權威機構社會責任標準中要求披露內容的分析

項目	G4	ISO	編寫指南	商道縱橫	潤靈環球	金蜜蜂	工業企業	中央企業	上交所	深交所	國際	國內	小計	總計
公司年度利潤訊息	+		+	+	+						1	3	4	4
公司年度分紅方案	+		+	+	+						1	3	4	4
年度利潤同比訊息			+		+						0	2	2	2
分紅方案同比訊息			+		+						0	2	2	2
產品（服務）銷量，市場佔有率			+	+							0	2	2	2
年度環保投資額	+		+	+	+	+	+				1	4	5	8
識別溫室氣體排放源頭	+	+	+	+	+	+	+			+	2	4	6	9
測量、記錄及報告溫室氣體排放量	+	+	+	+	+	+	+	+		+	2	4	6	10
識別能源、水的來源	+	+	+	+	+	+	+	+		+	2	4	6	10
能源、水的節約措施	+	+	+	+	+	+	+	+		+	2	4	6	10
測量、記錄及報告能源及水的用量	+	+	+	+	+	+	+	+		+	2	4	6	10
排放污染及廢物的識別	+	+	+	+	+	+	+	+		+	2	4	6	10
採取相關控制污染措施	+	+	+	+		+	+				2	2	4	5
保護生物多樣性	+	+	+	+	+									

第五章　企業社會責任報告決策價值問卷設計　55

表5-1（續1）

項目	G4	ISO	編寫指南	商道縱橫	潤靈環球	金蜜蜂	工業企業	中央企業	上交所	深交所	國際	國內	小計	總計
員工薪酬水平	+	+	+	+	+	+	+	+		+	2	4	6	9
員工假期福利	+	+	+	+	+	+	+	+		+	2	4	6	9
員工其他福利	+	+	+	+	+	+	+	+		+	2	4	6	9
對特殊員工的關愛	+	+	+	+	+	+	+	+		+	2	4	6	9
雇員性別構成	+	+	+	+	+	+	+	+		+	2	4	6	9
雇員年齡構成	+	+	+	+	+	+	+	+		+	2	4	6	9
雇傭員工總數	+	+	+	+	+		+	+		+	2	4	6	9
勞動合同簽訂比例	+	+	+	+	+		+	+			2	2	4	6
同工同酬	+	+	+	+		+	+	+		+	2	2	4	6
拒絕童工	+	+	+	+	+		+	+		+	2	2	4	6
非歧視	+	+	+	+	+		+	+		+	2	2	4	6
勞工問題申訴機制	+	+	+	+	+		+	+		+	2	2	4	6
結社自由	+	+	+							+	2	1	3	3
員工培訓時長人次	+	+	+	+	+	+	+	+		+	2	4	6	9

表5-1(續2)

項目	G4	ISO	編寫指南	商道縱橫	潤靈環球	金蜜蜂	工業企業	中央企業	上交所	深交所	國際	國內	小計	總計
員工培訓課程種類	+	+	+	+	+	+	+	+		+	2	4	6	9
員工可持續發展意識教育	+	+	+								1	1	2	2
員工健康管理	+	+	+	+	+	+	+	+		+	2	4	6	9
安全生產管理制度	+	+	+	+	+	+	+	+		+	2	4	6	9
安全生產成果披露	+	+	+	+	+	+	+	+		+	2	4	6	9
防腐政策及做法	+	+	+	+	+	+	+	+			2	4	6	8
採購政策中披露社會責任	+	+	+	+	+	+	+	+		+	2	4	6	8
質量管理體系闡述及認證	+	+	+	+	+	+	+	+		+	2	4	6	9
產品或者服務的技術創新	+	+	+	+	+	+	+	+		+	2	4	6	9
保護消費者（客戶）數據及隱私	+	+	+	+	+	+	+			+	2	4	6	8
客戶滿意度調查	+	+	+	+	+	+	+	+			2	4	6	7
客戶的投訴情況	+	+	+	+	+	+	+	+			2	4	6	7
產品回收機制	+	+	+	+	+	+	+	+			2	2	4	6
客戶服務的便捷性	+	+	+	+		+	+	+			2	2	4	6

第五章 企業社會責任報告決策價值問卷設計 | 57

表5-1(續3)

項目	G4	ISO	編寫指南	商道縱橫	潤靈環球	金蜜蜂	工業企業	中央企業	上交所	深交所	國際	國內	小計	總計
客戶關係管理體系	+			+						+	1	3	4	4
產品及服務標示	+	+	+	+			+				2	2	4	6
社區意見徵集	+		+	+	+	+				+	2	4	6	7
支持社區企業	+	+	+	+	+	+				+	2	4	6	7
創造就業	+			+	+	+					1	2	3	5
公益捐贈構成情況	+	+	+	+	+	+		+		+	2	4	6	9
促進社區科技發展		+	+		+	+	+			+	1	3	4	5
社會投資	+	+	+		+	+		+		+	1	2	3	5
客戶健康與安全		+									1	0	1	1
參加地區及行業組織	+		+	+	+		+			+	1	2	3	5
參加政策法規及行業標準的制定	+	+	+		+	+	+		+		0	2	2	2
志願服務績效	+	+		+	+	+				+	2	4	6	8
披露了每股社會貢獻值	+	+		+	+	+	+				2	4	6	7
守法合規	+		+		+	+					1	3	4	5

首先，需要整理出實質性社會責任披露項目用以對比。筆者根據《可持續發展報告指南（G4）》《中國企業社會責任報告編寫指南2.0》《潤靈環球MCT社會責任報告評級體系（2012）》《企業社會責任報告關鍵定量指標指引1.0》和《金蜜蜂GB-CRAS2009評估體系》對社會責任項目進行歸納，在此基礎上根據社會責任領域專家的意見對一些項目進行合併，共得到63個項目。然后，比較這63類社會責任信息在上述十個社會責任報告編寫指南、第三方評估標準中的出現頻率。最后得到統計結果，由表5-1可見，《可持續發展報告指南（G4）》比較全面，幾乎涵蓋了國內標準中的所有披露項目，商道縱橫的《企業社會責任報告關鍵定量指標指引1.0》和金蜜蜂企業發展研究中心的《金蜜蜂GB-CRAS2009評估體系》更關注不同行業最具實質性的企業社會責任議題，反應企業社會責任關鍵定量指標。

2. 篩選的具體過程

按照我們的研究目標，需要根據對比結果篩選出符合中國現實情況的、重要的社會責任報告披露項目。本研究的初選依據三個步驟：

第一步，國內4個標準同時要求披露——說明在中國當前國情下，這些披露的企業社會責任項目是重要的、受到廣泛關注的；

第二步，國內標準要求披露的同時，也要在國際標準中被提及——由於國際標準的制定考慮了發展程度不同的國家背景，這些披露項目反應了中國當前及未來的發展中重要的企業社會責任問題；

第三步，在10份披露標準中出現次數靠前——進一步證明通過上兩步篩選出的披露項目反應了在各行各業中都比較重要的社會責任問題。

根據本研究的三個篩選步驟，篩選得到社會責任信息披露

項目33類（見表5-2）。各披露項目都在4個國內標準和國際標準中被提及，並且全部10個標準有半數以上要求披露。其中，經濟績效類披露項目1項，環境影響類披露項目8項，社會關係類披露項目24項。

表5-2　　社會責任信息披露項目對比篩選結果

序號	國際	國內	小計	總計	項目
1	2	4	6	10	識別能源、水的來源
2	2	4	6	10	能源、水的節約措施
3	2	4	6	10	測量、記錄及報告能源及水的用量
4	2	4	6	10	測量、記錄及報告溫室氣體排放量
5	2	4	6	10	排放污染及廢物的識別
6	2	4	6	10	採取相關控制污染措施
7	2	4	6	9	識別溫室氣體排放源頭
8	2	4	6	9	員工薪酬水平
9	2	4	6	9	員工假期福利
10	2	4	6	9	員工其他福利
11	2	4	6	9	對特殊員工的關愛
12	2	4	6	9	雇員性別構成
13	2	4	6	9	雇員年齡構成
14	2	4	6	9	雇傭員工總數
15	2	4	6	9	勞動合同簽訂比例
16	2	4	6	9	員工培訓時長人次
17	2	4	6	9	員工培訓課程種類
18	2	4	6	9	員工健康管理
19	2	4	6	9	安全生產管理制度
20	2	4	6	9	安全生產成果披露
21	2	4	6	9	質量管理體系闡述及認證
22	2	4	6	9	產品或者服務的技術創新
23	2	4	6	9	公益捐贈構成情況

表5-2(續)

序號	國際	國內	小計	總計	項目
24	2	4	6	8	防腐政策及做法
25	2	4	6	8	採購政策中鼓勵社會責任
26	2	4	6	8	保護消費者（客戶）數據及隱私
27	2	4	6	8	志願服務績效
28	1	4	5	8	年度環保投資額
29	2	4	6	7	客戶滿意度調查
30	2	4	6	7	客戶的投訴情況
31	2	4	6	7	社區意見徵集
32	2	4	6	7	支持社區企業
33	2	4	6	7	披露了每股社會貢獻值

然后，筆者研究發現與雇員相關的企業內部社會責任實踐的披露指標有13項，與公司經營相關的企業外部社會責任實踐披露指標有20項，就需要對其進一步細分。於是，根據《可持續發展報告指南（G4）》和《潤靈環球MCT社會責任報告評級體系（2012）》的成熟的分類方法，結合國內外的其他十份社會責任報告標準，並諮詢社會責任領域專家的意見做細微的調整，筆者將這33個指標劃分入五個維度（見表5-3）：員工信息、安全生產信息、環境信息、公司營運信息、社會影響信息。前兩個維度反應了企業對內的社會責任實踐情況，后三個維度反應了企業對外的社會責任實踐績效。

「員工相關信息」維度，包括了雇員性別構成、雇員年齡構成、雇傭員工總數和勞動合同簽訂比率、員工培訓時長人次、員工培訓課程種類和員工薪酬水平等11項內容，反應了企業與員工之間的基本勞動關係情況；「安全生產信息」維度有六項，包含了維護員工生命安全的安全保障信息；「環境相關信息」維度有八項，全面地反應了企業在節能、減排、溫室氣體和環保

投資幾個方面的社會責任績效;「公司營運信息」維度有六項,全面地反應了企業營運中內部管理、採購和銷售三方面的社會責任履行情況;「社會影響信息」維度有六項,主要關注企業在社區慈善、服務和發展方面的作用和成果。

表 5-3　　　　　　　　社會責任指標細分結果

維度	指標
員工訊息	①雇員性別構成;②雇員年齡構成;③雇傭員工總數;④勞動合同簽訂比率;⑤員工培訓時長人次;⑥員工培訓課程種類;⑦員工健康管理;⑧員工薪酬水平;⑨員工假期福利;⑩員工其他福利;⑪對特殊員工的關愛;
安全生產訊息	⑫安全生產管理制度;⑬安全生產成果披露;
環境訊息	⑭排放污染及廢物的識別;⑮採取控制污染措施;⑯識別能源、水的來源;⑰能源、水的節約措施;⑱測量、記錄及報告能源及水的用量;⑲測量、記錄及報告溫室氣體排放量;⑳識別溫室氣體排放源頭;㉑年度環保投資額;
公司營運訊息	㉒防腐政策及做法;㉓採購政策中鼓勵社會責任;㉔質量管理體系闡述及認證;㉕產品或服務的技術創新;㉖客戶滿意度調查;㉗客戶的投訴情況;
社會影響訊息	㉘社會公益捐贈構成情況;㉙披露每股社會貢獻值;㉚在報告期獲得的獎勵;㉛社區意見徵集;㉜支持社區企業;㉝志願服務績效。

二、問卷的設計和問卷對象

1. 問卷設計

為了確保問卷量表設計的合理性和完備性,在問卷設計前期,作者進行了相關訪談。2015 年 12 月至 2016 年 3 月,課題小組成員三人間就指引標準間的對比標準上每週進行一次例會討論,解決對比遇到的問題,共持續了 6 周。並且在此期間,筆者就問卷設計諮詢了對企業社會責任有瞭解的、製作或填寫

過問卷的 12 名相關人士的意見，包括社會責任領域副教授 1 人。在此基礎上，問卷以上述「雇傭與雇傭關係」「員工職業成長」等六個維度為基礎，通過參考現有成熟的量表（吉利等，2013；鄧博夫，2015）設計，並根據專家意見反覆修改，於 2016 年 5 月 12 日完成了半開放式調查問卷。最終設計出的問卷包含導言、主體（共有 33 項反應企業社會責任實踐的披露指標，並且每一項都有相應的示例或解釋）和背景資料（包括 6 個人口統計學變量）三個部分，問卷篇幅為 4 頁 A4 紙。

導言。這一部分主要向被調查者說明本次問卷調查的目的、內容和意義，期望引起被調查者的重視和興趣，以積極地配合調查。此外，還包括問卷的填寫方法（在相應選項的位置打鉤）、保密承諾（僅供學術研究之用，決不私自挪作他用）、問卷調查時間（於 2016 年 5 月 22 日截止）、電子問卷回覆的郵箱和對被調查者的感謝。

問卷主體部分。根據現有研究（吉利等，2013；鄧博夫，2015）以及社會責任信息披露對比篩選結果，作者最終設計了 33 個指標，包含了雇傭與雇傭關係信息、員工職業成長信息、工作條件與保障信息、環境信息、公司營運信息、社會影響信息六個維度。針對每一指標，都會有一個例子或解釋，使被調查者更容易理解。例如，「雇員性別構成」筆者就舉例為「2014 年員工構成中，女員工占 51.33%」，所有的例子都來自於 2014 年和 2015 年企業披露的社會責任報告；「社區意見徵集」就解釋為「收集並考慮企業所在地區公眾對企業發展的建議」。

背景資料。包括性別、年齡、工作年限、研究方向、職稱和學歷 6 個人口統計學變量。

此外，問卷主體部分的打分，採用被國內大量研究使用的六值打分法（吉利等，2013；鄧博夫，2015），1～6 分別表示「完全不重要」「不重要」「有點不重要」「有點重要」「重要」

和「非常重要」。採用六值打分法的原因在於，避免中國人的中庸思想。相比於奇數量表（五值打分、七值打分等），六值打分法將人們的態度分為正向態度和負向態度兩類，避免人們選擇中間項的傾向。而且研究表明，量表的奇數目分類或偶數目分類，不會導致測量結果產生本質上的差異（Tull & Hawkins, 1980）。問卷的題項設計都參考國內外已有的成熟問卷，並根據社會責任領域專家意見反覆修改，保證了問卷效度和信度。

2. 調查對象

因為本問卷是針對專家的調查問卷，就需要被調查者熟悉、瞭解企業社會責任。所以本研究通過下列三個標準選擇問卷調查對象：①在核心期刊發表過社會責任相關研究；②主持或參與過社會責任相關課題；③至少學習過一個學期的社會責任相關課程，並能夠通過期末考核。問卷調查對象需要至少滿足上述三個條件之一。根據這一標準，本書確定了40位問卷調查對象，他們是高校的研究生和教師，學歷都在碩士以上，比較瞭解社會責任問題，能夠較好地理解問卷。

三、問卷的發放和回收

1. 問卷的發放和回收情況

本研究採用電子郵件和現場發放兩種方式進行問卷調查。問卷的發放和回收期為2016年5月14日至2016年5月23日，共10天。發放紙質問卷10份，回收10份，回收率100%，占樣本的31.25%；通過電子郵件發放30份，回收22份，回收率73.33%，占樣本的68.75%；為保證數據質量，作者對回收的問卷進行了認真核實，未發現漏填題項、全部題項都選同一分值以及明顯邏輯錯誤的無效問卷。為檢驗電子郵件和現場發放兩種方式收回的問卷數據是否可以合併，使用Stata 12.0對數據進行了雙樣本T檢驗。發現兩者差異的T值為-1.03，P值為

0.31，不存在顯著差異（見表5-4），可以合併在一起。

表5-4　電子郵件和現場發放問卷回收數據雙樣本T檢驗

發放方式	發放份數（份）	回收份數（份）	回收率（％）	均值	標準差	差異	T值	P值
現場發放	10	10	100	4.40	0.53	-0.22	-1.03	0.31
電子郵件	30	22	73.33	4.62	0.56			

2. 被調查者的基本情況

表5-5描述了被調查者的基本情況。從性別上來看，男性占34.4%，女性占65.6%，女性約是男性的2倍；從年齡上看，30歲及以下的占87.5%，31~40歲的占9.4%，41~50歲的占3.1%，調查對象較年輕；從研究方向上來看，財務會計類占96.9%，非財務會計的經濟、管理類占3.1%，專業比較統一；從職稱上來看，副教授占9.4%，講師占6.3%，其他占84.4%；從學歷上來看，都是碩士以上學歷，其中博士學歷占37.5%。

表5-5　　　　被調查者的基本情況描述

變量	人口統計變量	頻次	百分比(％)
性別	男	11	34.4
	女	21	65.6
年齡	30歲及以下	28	87.5
	31~40歲	3	9.4
	41~50歲	1	3.1
研究方向	財務會計類	31	96.9
	非財務會計經濟、管理類	1	3.1
職稱	副教授	3	9.4
	講師	2	6.3
	其他	27	84.4
學歷	博士	12	37.5
	碩士	20	62.5

四、問卷的效度和信度

1. 信度檢驗

根據關注重點的不同，信度可以分為內在信度和外在信度兩類。前者衡量量表中題項的一致性程度，即測量的是否是同一個問題；后者指在不同時間對同一對象測試時結果的一致性程度。本研究用 SPSS 22.0 對問卷量表進行內在信度檢驗，使用問卷調查中常用的 Cronbach's α 系數作為測度方法。根據已有研究，問卷量表的 Cronbach's α 系數值應在 0.7 以上（Fornell & Larcker, 1981）。由表 5-6 可見，除安全生產信息值較低為 0.656 外，問卷各維度量表的 Cronbach's α 系數均大於 0.7，問卷總體的 Cronbach's α 系數達到了 0.931。說明各維度量表的內部信度較高，變量之間具有較好的一致信度。

表 5-6　　　　社會責任披露各類別效度

維度	各維度的 α 系數	項目數	問卷總體的 α 系數
員工訊息	0.875	11	0.931
安全生產訊息	0.656	2	
環境訊息	0.922	8	
公司營運訊息	0.783	6	
社會影響訊息	0.823	6	

2. 效度檢驗

本研究採用探索性因子分析法對問卷社會責任信息分類維度進行效度檢驗，檢驗指標維度劃分的區分效度。由於問卷的樣本量較小只有 32 個，所以本研究將各問卷社會責任信息分類維度分為內部維度與外部維度兩類，分別進行效度檢驗，內部維度包括「員工信息」和「安全生產信息」，外部維度包括「環境信息」「公司營運信息」和「社會影響信息」。研究表

明，KMO 值在 0.7 以上時，適合進行因子分析，而在小於 0.5 時不適合做因子分析。從表 5-7 可見，內部維度和外部維度的 KMO 值分別等於 0.583 和 0.591，雖然小於 0.7，但大於 0.5，可以嘗試做因子分析。

表 5-7　　　　KMO 檢驗和 Bartlett 球體檢驗結果

		內部維度	外部維度
KMO 樣本充足率檢驗		0.583	0.591
Bartlett 球體檢驗	近似卡方	215.356	499.809
	自由度	78	190
	顯著性	0.000	0.000

接下來，使用 SPSS 22.0 做探索性因子分析。用主成分分析法抽取特徵值都在 1 以上的因子，最大收斂性迭代次數為 25，旋轉方法為最大方差法。從表 5-8 可見，內部維度提取了四個因子，四個因子的累計方差貢獻達到 72.87%；外部維度提取了五個因子，五個因子的累計方差貢獻達到 76.05%。

第一，企業內部維度聚類結果。「員工信息」維度下的題項聚類到三個因子（因子 1、因子 2 和因子 3）。經過分析發現，因子 1 是員工雇傭與雇傭關係信息，因子 2 是員工職業發展信息，因子 3 是員工福利信息，都屬於員工維度之下。「安全生產信息」仍被聚類為一個因子。

第二，企業外部維度聚類結果。「環境」維度下因子聚集的集中度達到了 87.5%。其中的「測量、記錄及報告能源及水的用量」被聚類到「社會影響（因子 6）」這一維度，對因子 5 的貢獻為 0.492，對因子 6 的貢獻為 0.545，都在 0.5 左右，仍將其劃分在「環境」維度。

「社會影響」維度下因子聚集的集中度達到了 100%。「公司營運」中的「採購、銷售及分包政策中鼓勵社會責任」也被劃

入這一維度（因子6），而且對因子6的貢獻達到0.662，對其他因子的貢獻都沒有超過0.45。仔細比對後，筆者發現「採購、銷售及分包政策中鼓勵社會責任」也屬於「社會影響」中的一種，因此將其重新劃入「社會影響」。

「公司營運」被聚類為三個因子，分別是產品相關（因子7和因子8）和反腐相關（因子9），筆者將其分別命名為「產品表現（因子7）」「產品認證（因子8）」「反腐倡廉（因子9）」。「質量管理體系闡述及認證」和「產品/服務的技術創新、客戶滿意度調查、客戶投訴情況」被劃分為兩個因子的原因在於前者是產品的權威認證情況，后者則是產品的實際表現情況。此外，反腐是國內廣受關注的焦點問題，也是公司營運中的重要問題。因此，雖然被劃分為三個因子，但是產品認證、產品表現和反腐都是公司營運中的重要內容。

表5-8　　　　　社會責任信息探索性因子分析

指標	員工		安全生產	
	因子1	因子2	因子3	因子4
（1）雇員性別構成	0.667			
（2）雇員年齡構成	0.833			
（3）雇傭員工總量	0.671			
（4）勞動合同簽訂比率	0.680			
（8）員工薪酬水平	0.515			
（5）員工培訓時長人次		0.799		
（6）員工培訓課程種類		0.862		
（7）員工健康管理措施			0.616	
（9）員工假期福利			0.873	
（10）員工其他福利			0.849	
（11）對特殊員工的關愛			0.830	
（12）安全生產管理制度				0.794
（13）安全生產成果披露				0.852

表5-8(續)

指標	環境	社會影響	公司營運		
	因子5	因子6	因子7	因子8	因子9
(14) 排放污染及廢物的識別	0.756				
(15) 採取相關控制污染措施	0.880				
(16) 識別能源、水的來源	0.679				
(17) 採取能源、水的節約措施	0.905				
(18) 測量、記錄及報告能源及水的用量	0.492	0.545			
(19) 測量、記錄及報告溫室氣體排放量	0.842				
(20) 識別溫室氣體排放源頭	0.794				
(21) 年度環保投資額	0.701				
(22) 防腐政策及做法					0.758
(24) 質量管理體系闡述及認證				0.862	
(25) 產品或者服務的技術創新			0.866		
(26) 客戶滿意度調查			0.873		
(27) 客戶的投訴情況			0.676		
(23) 採購政策鼓勵社會責任		0.662			
(28) 社會公益捐贈構成情況		0.566			
(29) 披露了每股社會貢獻值		0.830			
(30) 在報告期內獲得的獎勵		0.883			
(31) 社區意見徵集		0.753			
(32) 支持社區企業		0.549			
(33) 志願服務績效		0.607			

第二節　企業社會責任訊息價值使用者評價問卷

一、問卷設計和問卷對象

問卷的主體內容分為三個部分，其中，第一部分的第四、五題和第二部分採用量表形式，其他問題採用選擇題形式。原因在於，第二部分衡量的是呈報形式對信息決策價值的影響，第一部分的第四、五題衡量的是個人的呈報形式偏好，衡量的是人們的態度、意見，屬於主觀性較強、較抽象的內容，更適合通過量表來衡量；其他部分統計的是個人的社會責任相關經驗和人口統計學信息，屬於客觀性較強、較具體的內容，可以通過普通選擇題調查。綜上綜述，本研究對主觀性較強的問題（第一部分的第四、五題和第二部分）採用李克特量表（Likert Scale）衡量，對客觀性較強的其他問題（第一部分的第一、二、三題和第三部分）通過選擇題統計信息。

1. 第一部分

第一，衡量企業社會責任經驗。研究表明，個人經驗對決策有很大的影響，豐富的經驗有助於緩解決策者的功能性註視（Hirst & Hopkins，1998）、提高決策準確性（Wright，2001）、減輕認知困難（Moreno et al.，2002）。因此，在呈報形式的影響下，經驗豐富的決策者與一般決策者的表現可能有所不同。本研究從社會責任經驗來衡量決策者的經驗水平，決策者對企業社會責任的瞭解程度不同，其使用社會責任信息進行投資決策的能力也會有差異。本研究就社會責任經驗設計了2個問題，就社會責任信息關注類別設計了1個問題。

第二，衡量決策者思維模式。研究表明，信息使用者個人的認知模式會影響其決策（Chandra & Krovi, 1999; Arnold et al., 2004），而個人的認知模式又是通過長期實踐學習養成的（Luft & Shields, 2001）。因此，本研究區分了日常生活中多使用圖形進行決策和多使用表格進行決策的信息使用者，並為此設計了2個量表，用以衡量信息使用者對呈報形式的偏好。量表採用六值打分法，1至6分別表示「完全不符」「不相符」「有點不符」「有點相符」「相符」和「完全相符」。六值打分法的優點在於將人們的態度分為正向態度和負向態度兩類，避免人們選擇中間項的傾向。這種打分方法在會計領域被廣泛運用（吉利等，2013；鄧博夫，2015），且與奇數量表相比，對測量結果不會產生本質上的差異（Tull & Hawkins, 1980）。

2. 第二部分

這一部分主要衡量呈報形式對社會責任信息決策價值和公共關係價值的影響。借鑑宋獻中和龔明曉（2006）的定義以及毛洪濤等（2014）的研究，本書將「信息決策價值」定義為，信息使用者做出諸如投資、借貸、產品或服務的購買、供應、就業選擇、監管等決策時，該信息的重要程度（即「信息的決策作用」）；將「公共關係價值」定義為，信息對利益相關者願意（或不願意）與企業建立、維持或改善關係的態度的影響程度（即「信息的社交作用」）。

筆者從2013—2015年可獲得的社會責任報告中摘取文字、圖形、表格和圖表結合四種形式呈報的信息，探究企業在實際編寫社會責任報告時，能否通過呈報形式的變化影響社會責任信息的決策價值和公共關係價值。問卷包含了八類社會責任信息，較全面地涵蓋了各類企業社會責任實踐，共20項。

這一部分採用李克特量表（Likert Scale），且量表均採用六值打分法，1至6分別表示「完全不重要」「不重要」「有點不

重要」「有點重要」「重要」和「非常重要」。

3. 第三部分

這一部分統計被調查者的背景資料。包括四個人口統計學變量：年齡、性別、學歷、專業和職業。最終，問卷設計了 3 個部分。各部分衡量變量名稱及具體參考文獻如表 5-9 所示。

表 5-9　問卷量表代碼、衡量變量名稱及參考文獻

代碼	衡量變量名稱	參考文獻
A	社會責任知識（Know）	Hirst & Hopkins（1998） Wright（2001） Moreno et al.（2002） Arnold et al.（2004）
B	訊息決策價值（Score1） 訊息公共關係價值（Score2） 呈報形式（Form）	Chandra & Krovi（1999） Arnold et al.（2004） 龔明曉（2007） 毛洪濤等（2014）
C	個人基本訊息： 包括年齡、性別、學歷、專業和職業。	吉利等（2013） 鄧博夫（2015）

4. 問卷對象

根據全球報告倡議組織的調查，企業社會責任報告的使用者可以按其所屬特徵及其對報告的關注分為三大類。第一類是以研究、諮詢、分析師為主的群體，他們主要進行對比分析、培訓、研究及作為投資決策參考；第二類是商業群體，他們希望通過關注與使用社會責任報告，瞭解行業標杆企業的做法以及回報，並利用收集的相關社會責任信息分析企業社會績效與經濟績效間的關係，借此尋找潛在的合作夥伴；第三類包含了公益機構、部分股東和消費者，通過關注和使用社會責任報告，判斷公司的社會責任履行質量，決定與公司建立良好的夥伴關係，還是對表現較差的公司發起抗議。本研究參考了全球報告倡議組織的調查研究成果，問卷對象包含了：會計專業大三學

生和研究生、企業財務人員和銀行從業者以及高校專家學者。

二、問卷內容的篩選過程

首先，因為要研究呈報形式對社會責任信息決策價值的影響，若社會責任信息本身決策價值不高，這一影響就難以體現出來，所以就需要篩選出決策價值高的社會責任信息。表 5-10 是 33 項社會責任信息項目的描述性統計按均值降序排列的結果。可以看到各指標的均值在 3~4 分之間的有 4 項，在 4~5 分之間的有 25 項，在 5~6 分之間的有 4 項，表明大多數社會責任信息的決策價值在「有點不重要」和「有點重要」之間。其中，筆者發現有 6 個指標的得分均值小於 4 或略大於 4，分別是「雇傭員工總量」（4.087）、「員工其他福利」（4.043）、「雇員年齡構成」（4.000）、「支持社區企業」（3.870）、「雇員性別構成」（3.696）、「員工志願服務績效」（3.652）。而根據本研究的定義，「3」為「有點不重要」「4」為「有點重要」，這表明這 6 個指標不太重要，因此本研究去掉了這 6 個指標。

表 5-10　　社會責任信息項目的描述性統計

指標	最小值	最大值	均值	標準差
（12）安全生產管理制度	4	6	5.391	0.656
（14）排放污染及廢物的識別	3	6	5.391	0.839
（15）採取相關控制污染措施	3	6	5.217	0.998
（26）客戶滿意度調查	3	6	5.087	1.125
（8）員工薪酬水平	3	6	5.000	0.953
（21）年度環保投資額	3	6	4.957	0.767
（24）質量管理體系闡述認證	3	6	4.913	1.083
（13）安全生產成果披露	2	6	4.826	1.072
（27）客戶投訴情況	1	6	4.826	1.302

表5-10(續)

指標	最小值	最大值	均值	標準差
(7) 員工健康管理措施	2	6	4.783	1.313
(17) 採取能源、水的節約措施	2	6	4.739	1.137
(25) 產品或者服務的技術創新	2	6	4.652	1.152
(19) 測量、記錄及報告溫室氣體排放量	3	6	4.652	1.152
(28) 社會公益捐贈構成情況	3	6	4.609	0.941
(4) 勞動合同簽訂比率	2	6	4.609	1.305
(23) 採購政策鼓勵社會責任	2	6	4.565	1.037
(29) 披露每股社會貢獻值	1	6	4.565	1.308
(30) 報告期獲得的獎勵	1	6	4.522	1.201
(20) 識別溫室氣體排放源頭	2	6	4.478	1.344
(5) 培訓時長及人次	3	6	4.478	1.039
(6) 員工培訓課程種類	1	6	4.391	1.076
(22) 防腐政策及做法	2	6	4.391	1.270
(31) 社區意見徵集	2	6	4.391	1.196
(11) 對特殊員工的關愛	2	6	4.348	1.071
(18) 測量、記錄及報告能源及水的用量	1	6	4.348	1.369
(9) 員工假期福利	2	6	4.261	1.176
(16) 識別能源、水的來源	2	6	4.217	1.126
(3) 雇傭員工總量	1	6	4.087	1.474
(10) 員工其他福利	1	6	4.043	1.224
(2) 雇員年齡構成	2	6	4.000	1.206
(32) 支持社區企業	2	5	3.870	0.869
(1) 雇員性別構成	2	6	3.696	1.146
(33) 員工志願服務績效	1	6	3.652	1.369

然后，對於餘下的 27 類社會責任信息，筆者從 2013—2015 年可獲得的社會責任報告中摘取文字、圖形、表格和圖表結合四種形式呈報的信息。在摘取過程中發現，在現有社會責任報告中，「員工培訓課程種類」「員工假期福利」「質量管理體系闡述認證」「社區意見徵集」「報告期獲得的獎勵」「識別溫室氣體排放源頭」六類社會責任信息沒有以圖形或表格呈報的形式。而本研究探究的是企業在實際編報時，能否通過呈報形式的變化影響社會責任信息的決策價值，需要摘取的社會責任信息都來自於社會責任報告，因此，這六項只能剔除。在摘取過程中還發現，「識別能源、水的來源」與「測量、記錄及報告能源及水的用量」兩項信息在企業實際編報時，是合併在一起呈報的，因此將這兩項合併，總計就有 20 個社會責任信息類別（見表 5-11），較全面地涵蓋了各類較重要的社會責任信息。

表 5-11　　　　問卷中包含的社會責任訊息

維度	指標
（一）員工相關訊息	（B1）勞動合同簽訂比率；（B2）員工培訓時長人次；（B3）員工健康管理；（B4）員工薪酬水平；（B5）對特殊員工的關愛
（二）安全生產訊息	（B6）安全生產管理制度；（B7）安全生產成果披露
（三）社會影響訊息	（B8）社會公益捐贈構成情況；（B9）披露每股社會貢獻值；（B10）採購政策中鼓勵社會責任
（四）環境相關訊息	（B11）排放污染及廢物的識別；（B12）採取控制污染措施；（B13）識別能源、水的來源；（B14）能源、水的節約措施；（B15）測量、記錄及報告溫室氣體排放量；（B16）年度環保投資額
（五）公司營運訊息	（B17）防腐政策及做法；（B18）產品或服務的技術創新；（B19）客戶滿意度調查；（B20）客戶的投訴情況

三、問卷發放與回收

1. 問卷發放和回收情況

考慮到問卷篇幅較長，且專業性較強，可能較難得到問卷調查對象的配合，因此研究採取課上發放紙質問卷的形式。6月12日至6月18日，筆者在會計專業大三學生、研究生、會計實務工作者以及高校專家學者中發放635份問卷，回收問卷312份。為保證數據質量，筆者對問卷進行了篩選，按四個標準剔除無效問卷：①回答前後矛盾；②漏答題項過多；③問卷勾選的題項2/3以上都是同一個；④問卷勾選的題項具有規律性。最后得到213份問卷，問卷有效率為76.07%（見表5-12）。

表5-12　　　　　　樣本選擇和調查方式

調查對象	樣本範圍	調查方式	樣本數（份）	有效數（份）	有效回收率（%）
會計專業本科生	會計專業的大三學生	實地發放	196	144	73.47
會計專業研究生	包括學術型碩士和專業碩士	實地發放	156	105	67.30
在職MPAcc	某財經大學的在職MPAcc學生	實地發放	23	17	73.91
高校教師或博士生		電子郵件	260	46	17.69
		合計	635	312	49.13

2. 被調查者基本情況

表5-13為被調查對象的人口統計特徵描述：就性別比例來說，女性比例（75%）是男性比例（25%）的3倍；就年齡來說，96.8%的調查對象在40歲以下；就專業來說，幾乎所有調查對象都來自於經管類專業，其中絕大部分為財務會計類專業（97.43%）；就學歷來說，53.21%的調查對象的受教育程度為碩

士及以上學歷，其中有 1/4 具有博士學歷。專業和學歷的基本情況說明，被調查對象具備較高的專業素養和知識儲備（見表 5-13）。

表 5-13　　　　被調查者的人口統計特徵描述

變量	人口統計變量	頻次	百分比(%)
性別	男 女	78 234	25 75
學歷	博士 碩士 本科	37 129 146	11.86 41.35 46.79
年齡	25 歲以下 26~30 歲 31~40 歲 41~50 歲 51~60 歲	253 33 16 8 2	81.10 10.58 5.13 2.56 0.64
專業	財務會計類（包括審計） 經濟、管理類非財務會計方向 其他	304 6 2	97.43 1.92 0.64
職業	審計師、資產評估師 企事業單位財務、會計 高校、研究機構專家學者 學生 其他	2 18 21 261 10	0.64 5.77 6.73 83.65 3.21

四、問卷效度和信度

1. 信度檢驗

根據關注重點的不同，信度可以分為內在信度和外在信度兩類。前者衡量量表中題項的一致性程度，即測量的是否是同一個問題；后者指在不同時間對同一對象測試時結果的一致性程度。社會科學研究中，量表的 Cronbach's α 信度系數大於 0.8

時，說明量表信度非常好；在 0.7~0.8 時，量表信度較好；在 0.6~0.7 時，量表信度尚可；而當 α 系數小於 0.6 時，說明量表信度不足需要重新設計（Nunnally，1978）。本研究用 SPSS22.0 對問卷量表進行內在信度檢驗，使用問卷調查中常用的 Cronbach's α 系數作為測度方法。表 5-14 是問卷決策價值和公共關係價值信度檢驗的結果，問卷分維度檢驗的一致性系數只有公共關係價值中安全生產信息維度較小（α 系數為 0.654，仍大於 0.6，表明量表信度尚可），其他各維度 α 系數均大於 0.7，問卷總體的 α 系數為 0.890 和 0.877（大於 0.8，說明量表信度非常好）。因此，可以認為問卷具有較好的信度。

表 5-14　社會責任訊息決策價值和公共關係價值的信度檢驗

維度	項目	訊息決策價值 Cronbach's α	公共關係價值 Cronbach's α
員工相關訊息	（B1）勞動合同簽訂比率； （B2）員工培訓時長人次； （B3）員工健康管理； （B4）員工薪酬水平； （B5）對特殊員工的關愛	0.824	0.804
安全生產訊息	（B6）安全生產管理制度； （B7）安全生產成果披露	0.752	0.654
社會影響訊息	（B8）社會公益捐贈構成情況； （B9）披露每股社會貢獻值； （B10）採購政策中鼓勵社會責任	0.737	0.732
環境相關訊息	（B11）排放污染及廢物的識別； （B12）採取控制污染措施； （B13）識別能源、水的來源； （B14）能源、水的節約措施； （B15）測量、記錄及報告溫室氣體排放量； （B16）年度環保投資額	0.873	0.866

表5-14(續)

維度	項目	訊息決策價值 Cronbach's α	公共關係價值 Cronbach's α
公司營運訊息	(B17) 防腐政策及做法； (B18) 產品或服務的技術創新； (B19) 客戶滿意度調查； (B20) 客戶的投訴情況	0.840	0.828
問卷整體的 Cronbach's α 係數		0.890	0.877

2. 效度檢驗

首先，問卷的維度劃分採用了上文探索性因子分析法對問卷社會責任信息分類維度效度檢驗的結果（見表5-8），各維度的區分效度較好。其次，對於問卷的內容效度，本研究通過以下幾個方面措施來保證：

第一，以國內外成熟研究為基礎。問卷參照了國內外的相關研究（Chandra & Krovi，1999；Arnold et al.，2004；龔明曉，2008；吉利等，2013；毛洪濤等，2014；鄧博夫，2015），以認知適配理論和具象相合理論為理論依據。

第二，社會責任信息的摘取。為保證問卷中四種呈報形式的信息含量基本在同一水平上，筆者在問卷設計時遵循如下原則：①四種呈報形式的信息內容不僅主題一致，信息類型也基本一致，比如一種形式為比例數據，其他形式也為比例數據，一種形式存在年份間的比較，其他形式也要如此；②對每一種形式的數據，筆者會盡量摘取多個信息樣本，在課題小組會議上討論比較，問卷中選擇的樣本是討論后一致同意的、信息含量最為接近的樣本；③在問卷設計完成后，請社會責任領域專家對問卷內容進行評價，並根據其意見進行了修改；④在11位瞭解社會責任的研究生之中進行了小範圍的測試，被調查者認為不同呈報形式的社會責任信息的信息含量基本一致。通過以

上步驟，保證了問卷中四種形式社會責任信息的信息含量基本一致。

第三，社會責任領域專家的參與。在問卷設計的各環節，就圖形、圖表結合的定義，社會責任報告信息種類的劃分以及如何使不同呈報形式信息含量保持一致等進行了多次深入討論，得到了許多中肯的建議。例如，「有些信息就給出了比較值或者趨勢值，這樣的信息應該更有用一些」「每個題項中所呈現的每種格式裡的信息是不一樣的，需要提高信息一致性程度」等，並根據這些意見對問卷進行了修改。

第四，對問卷填寫者進行了訪談和試調查。調查對象為14位會計專業研究生，在他們填寫問卷后，詢問他們對問卷的看法、建議和發現的問題，針對他們的意見對問卷進行了修改。通過以上措施，較好地保證了問卷的內容效度。

第三節　變量定義

一、因變量

社會責任信息決策價值變量 Score1 是本書研究的因變量，參考宋獻中和龔明曉（2006）的定義，筆者將「信息決策價值」定義為，信息使用者做出諸如投資、借貸、產品或服務的購買、供應、就業選擇、監管等決策時，該信息的重要程度（即「信息的決策作用」）。在擴展性研究中使用了信息公共關係價值變量 Score2，筆者將「公共關係價值」定義為，信息對利益相關者願意（或不願意）與企業建立、維持或改善關係的態度的影響程度（即「信息的社交作用」）。變量 Score1 和 Score2 都是問卷對象對社會責任信息重要性打分的值，1～6分別表示「完

全不重要」「不重要」「有點不重要」「有點重要」「重要」和「非常重要」，分值越大價值越高。

此外，在穩健性檢驗中，筆者使用了專家打分問卷的分值減去問卷對象打分分值的絕對值（Score_ABS）作為信息決策價值的替代變量，該分值越小表明對社會責任信息決策價值的判斷越準確，越接近信息的實際價值。

二、自變量

呈報形式（Form）。參考 Washburne（1927）、Jarvenpaa & Dickson（2010）、毛洪濤等（2014）的研究，本研究中社會責任報告有純文字、表格、圖形和圖表結合四種呈報形式，變量 Form 的賦值如下：純文字為 0、表格為 1、圖形為 2、圖表結合為 3。四種呈報形式承載的數據信息大體相等，但又不完全一樣。比如，每股社會貢獻值的四種呈報形式：文字信息對每年的每股社會貢獻值進行了簡單介紹，羅列了各年的貢獻值大小；表格信息呈報的每股社會貢獻值信息則羅列得比較清楚；圖形信息呈報的每股社會貢獻值信息可以表現出貢獻值增長、變化的趨勢；圖表結合形式就同時具備了表格形式和圖形形式的優點。這種內在等價信息之間，呈報形式導致的外在差異，正是本研究所要考察的呈報形式變化對信息決策價值的影響。

個人認知水平（Know）。根據 Wright（2001）、Moreno et al.（2002）、Arnold et al.（2004）等人的研究，不同知識水平的決策者的決策行為是有差異的。本書以決策者的社會責任知識水平將決策者分為認知水平較高組和認知水平較低組，本書將選擇「通過課程或書籍學習過社會責任相關知識」或「發表過社會責任相關文章或參與過相關課題和研究」的信息使用者劃分為高認知水平，賦值為 1（共 130 個樣本，占樣本總量的 41.67%）；將只選擇 A 選項「有所耳聞，但未深入瞭解過」和

B選項「閱讀過企業社會責任報告」的信息使用者劃分為低認知水平，賦值為0（共182個樣本，占樣本總量的58.33%）。

三、協變量

根據前人研究，決策者經驗差異也會對決策結果產生影響（Umanath & Vessey，1994；Wright，2001），有工作經驗的信息使用者與無工作經驗的信息使用者對社會責任的理解可能存在差異，影響其對社會責任信息決策價值的判斷。於是，本書考察了調查對象工作經驗的影響，工作經驗變量（Work）將有工作經驗的樣本賦值為1，沒有工作經驗的賦值為0。結果有51個樣本有工作經驗，占總樣本的16.35%。具體分析來看，認知水平高的樣本組中，有工作經驗的樣本有15個，占11.54%；認知水平低的樣本組中，有工作經驗的樣本有36個，占19.78%。

此外，研究表明男性和女性的道德觀存在差異，男性更為獨立自主，將道德視為個人權利的一系列排序，其道德觀強調基於準則和權利的公正倫理，而女性則傾向於把道德視為對他人的責任，奉行一種重視關係和責任的關懷倫理（Gilligan，1999）。因此，女性比男性更關注企業的社會責任實踐（Gul et al.，2011；Fernandez-Feijoo et al.，2012；呂英等，2014），這可能會影響其對社會責任信息決策價值的判斷。於是，本書考察了調查對象性別的影響，性別變量（Boy）將女性賦值為1，男性賦值為0。女性樣本占總樣本的75%，具體分析來看，認知水平高的樣本組中，女性樣本有99個，占76.15%；認知水平低的樣本組中，女性樣本有136個，占74.73%。

各維度變量定義說明如表5-15所示。

表 5-15　　　　　　　變量定義說明

變量類型	變量符號	變量名稱	變量定義
因變量	Score1	訊息決策價值	問卷對象對社會責任訊息決策價值打分的值
	Score2	公共關係價值	問卷對象對社會責任訊息公共關係價值打分的值
	Score_ABS	訊息決策價值	問卷一中專家打分的分值減去問卷二中訊息決策價值 Score1 分值後的絕對值
自變量	Form	呈報形式	純文字為 0、表格為 1、圖形為 2、圖表結合為 3
	Know	認知水平	發表過社會責任相關文章或參與過相關課題研究為 1，否則為 0
協變量	Boy	性別	女性為 1，男性為 0
	Work	工作經驗	有工作經驗的為 1，否則為 0

第四節　本章小結

因為要研究呈報形式對社會責任信息決策價值的影響，若社會責任信息本身決策價值不高，這一影響就難以體現出來，所以就需要篩選出決策價值高的社會責任信息。專家調查問卷就是為了這一目的設計的，通過對社會責任信息進行科學合理的篩選，為下一步製作呈報形式問卷打下了基礎。

在專家調查問卷中會對社會責任信息進行兩次篩選。第一次是對專家調查問卷中調查的社會責任信息進行篩選。由於問卷調查本身存在固有缺陷，所以在問卷設計環節，筆者根據現有研究，有針對性地做出一些設計，以減輕這些缺陷對問卷數據質量的影響。通過比較社會責任報告編寫指南、第三方評估

標準，篩選出具有代表性、重要性的社會責任信息，作為製作問卷的基礎。參考的編寫指南、評估標準分為三個層次：第一層次，是國際上得到廣泛認可的兩份社會責任報告編寫指南。第二層次，是國內有影響力的三個評估標準和一個編寫指南。第三層次，是國內外行業性、區域性社會責任報告編寫指南。因為本問卷是針對專家的專家調查問卷，就需要被調查者熟悉、瞭解企業社會責任。所以本研究通過下列三個標準選擇問卷調查對象：①在核心期刊發表過社會責任相關研究；②主持或參與過社會責任相關課題；③至少學習過一個學期的社會責任相關課程，並能夠通過期末考核。被問卷調查者需要至少滿足上述三個條件之一。根據這一標準，本書確定了40位問卷調查對象，他們是高校的研究生和教師，學歷都在碩士以上，比較瞭解社會責任問題，能夠較好地理解問卷。

　　在企業社會責任報告決策價值使用者評價問卷設計方面。問卷的主體內容分為三個部分，其中，第一部分的第四、五題和第二部分採用量表形式，其他問題採用選擇題形式。原因在於，第二部分衡量的是呈報形式對信息決策價值的影響，第一部分的第四、五題衡量的是個人的呈報形式偏好，衡量的是人們的態度、意見，屬於主觀性較強、較抽象的內容，更適合通過量表來衡量；其他部分統計的是個人的社會責任相關經驗和人口統計學信息，屬於客觀性較強、較具體的內容，可以通過普通選擇題調查。綜上所述，本研究對主觀性較強的問題採用李克特量表衡量，對客觀性較強的其他問題通過選擇題統計信息。首先，因為要研究呈報形式對社會責任信息決策價值的影響，若社會責任信息本身決策價值不高，這一影響就難以體現出來，所以就需要篩選出決策價值高的社會責任信息。33項社會責任信息項目均值在3~4分的有4項，在4~5分的有25項，在5~6分的有4項，表明大多數社會責任信息的決策價值在

「有點不重要」和「有點重要」之間。其中，筆者發現有 6 個指標的得分均值小於 4 或略大於 4，分別是「雇傭員工總量」（4.087）、「員工其他福利」（4.043）、「雇員年齡構成」（4.000）、「支持社區企業」（3.870）、「雇員性別構成」（3.696）、「員工志願服務績效」（3.652）。而根據本研究的定義，「3」為「有點不重要」「4」為「有點重要」，這表明這 6 個指標不太重要，因此本研究去掉了這 6 個指標。考慮到問卷篇幅較長，且專業性較強，可能較難得到問卷調查對象的配合，因此研究採取課上發放紙質問卷的形式。6 月 12 日至 6 月 18 日，筆者在會計專業大三學生、研究生、會計實務工作者以及高校專家學者中發放問卷。

最后，本書闡述了問卷數據的處理方法，並對本書的研究變量進行了定義與解釋。

第六章　企業社會責任報告決策價值問卷實證分析

第一節　描述性統計

表6-1報告了描述性統計結果，由表中可見，文字、表格、圖形和圖表結合形式呈報的社會責任信息決策價值的均值分別為3.90、4.31、4.47和4.79，四種呈報形式信息的決策價值呈現出文字<表格<圖形<圖表結合的狀況，與本書假設相符。此外，具備一定社會責任知識的樣本（通過課程或書籍學習過社會責任相關知識；發表過社會責任相關文章或參與過相關課題研究）占42%；女性樣本占75%；具有工作經驗的樣本占16%。

表6-1　　　　　　　　描述性統計結果

變量	樣本量	均值	最小值	最大值	標準差
訊息決策價值（所有呈報形式 Score）	12,463	4.37	1	6	1.07
訊息決策價值（文字 Score）	3,107	3.90	1	6	1.13
訊息決策價值（表格 Score）	3,118	4.31	1	6	0.97
訊息決策價值（圖形 Score）	3,119	4.47	1	6	0.98
訊息決策價值（圖表結合 Score）	3,119	4.79	1	6	1.02

表6-1(續)

變量	樣本量	均值	最小值	最大值	標準差
呈報形式（Form）	1,248	1.50	0	3	1.12
社會責任知識水平（Know）	1,248	0.42	0	1	0.49
性別（Boy）	1,248	0.75	0	1	0.43
工作經驗（Work）	1,248	0.16	0	1	0.37

因為均值T檢驗與方差分析都以數據呈正態分佈為運用的前提，所以本書對變量進行了偏度（Skewness）、峰度（Kurtosis）和QQ圖綜合分析檢驗，來探究變量是否符合正態分佈。由表6-2的結果可見，樣本偏度絕對值在0.02~0.93，峰度絕對值在0.03~1.55，QQ圖中點基本落在斜線上，可以認為樣本觀測值符合正態分佈。

表6-2　　　　　　　　變量正態分佈檢驗

變量	文字 偏度	文字 峰度	文字 QQ圖	表 偏度	表 峰度	表 QQ圖	圖 偏度	圖 峰度	圖 QQ圖	圖表 偏度	圖表 峰度	圖表 QQ圖
B1	-0.23	-0.40	3/6	-0.11	-0.60	3/6	-0.54	0.03	4/6	-0.45	-0.78	3/6
B2	0.06	-0.34	4/6	-0.20	0.21	3/6	-0.16	-0.64	3/6	-0.53	-0.34	3/6
B3	0.04	-0.15	4/6	-0.20	-0.31	3/6	-0.69	0.97	2/6	-0.48	-0.62	2/5
B4	0.13	-0.51	3/6	-0.02	-0.38	4/6	-0.36	0.54	2/5	-0.42	-0.48	3/5
B5	-0.10	-0.34	4/6	-0.19	-0.16	4/6	-0.48	0.06	3/6	-0.93	1.05	2/5
B6	-0.09	-0.25	4/6	-0.23	0.12	3/5	-0.40	0.27	2/5	-0.47	-0.44	3/5
B7	0.12	-0.41	3/6	-0.18	-0.06	4/6	-0.18	-0.54	2/5	-0.56	-0.13	2/6
B8	-0.17	-0.22	3/6	-0.38	-0.03	3/5	-0.37	0.12	4/6	-0.62	-0.32	3/5
B9	-0.29	-0.32	3/6	-0.04	-0.29	3/6	-0.59	1.05	3/6	-0.75	1.01	3/6
B10	-0.24	-0.32	3/6	-0.07	-0.49	3/6	-0.52	0.35	2/5	-0.92	1.55	2/5
B11	-0.23	-0.40	4/6	-0.11	-0.60	3/5	-0.54	0.03	2/5	-0.45	-0.78	2/5
B12	0.06	-0.34	4/6	-0.20	0.21	2/5	-0.16	-0.64	1/4	-0.53	-0.34	2/5

表6-2(續)

變量	文字			表			圖			圖表		
	偏度	峰度	QQ圖	偏度	峰度	QQ圖	偏度	峰度	QQ圖	偏度	峰度	QQ圖
B13	0.04	-0.15	4/6	-0.20	-0.31	2/5	-0.69	0.97	3/6	-0.48	-0.62	2/5
B14	0.13	-0.51	5/6	-0.02	-0.38	3/5	-0.36	0.54	2/6	-0.42	-0.48	1/4
B15	-0.10	-0.34	5/6	-0.19	-0.16	4/5	-0.48	0.06	3/6	-0.93	1.05	2/6
B16	-0.09	-0.25	4/6	-0.23	0.12	4/6	-0.40	0.27	2/5	-0.47	-0.44	1/4
B17	0.12	-0.41	5/6	-0.18	-0.06	4/6	-0.18	-0.54	2/5	-0.56	-0.13	2/5
B18	-0.17	-0.22	4/6	-0.38	-0.03	3/5	-0.37	0.12	2/5	-0.62	-0.32	1/4
B19	-0.29	-0.32	4/6	-0.04	-0.29	3/5	-0.59	1.05	3/6	-0.75	1.01	2/6
B20	-0.24	-0.32	4/6	-0.07	-0.49	3/5	-0.52	0.35	3/5	-0.92	1.55	2/5

註：QQ圖的分數表示可見點落在斜線上的比例，且未落在斜線上的點也在極接近斜線的上下。

第二節　假設檢驗

一、均值T檢驗

1. 全樣本檢驗

為了驗證假設，本書首先進行了均值T檢驗。均值T檢驗比較了文字、表格、圖形和圖表結合四種呈報形式的社會責任信息決策價值差異，以及社會責任知識水平對社會責任信息決策價值的影響。檢驗結果見表6-3和表6-4，得出的主要結論如下：

（1）文字信息的決策價值小於表格、圖形和圖表結合信息。從總體來看，文字信息的決策價值顯著小於表格（T值=-6.532）、圖形（T值=-9.066）和圖表結合信息（T值=-14.149），表明相較於文字的呈報形式，表格、圖形和圖表結合三種呈報形式顯

表 6-3　呈報形式差異下訊息決策價值的均值 T 檢驗結果

變數	文字 vs 表格 均值差	文字 vs 表格 T值	文字 vs 圖形 均值差	文字 vs 圖形 T值	文字 vs 圖表結合 均值差	文字 vs 圖表結合 T值	表格 vs 圖形 均值差	表格 vs 圖形 T值	表格 vs 圖表結合 均值差	表格 vs 圖表結合 T值	圖形 vs 圖表結合 均值差	圖形 vs 圖表結合 T值
B1–B20:總體	−0.411***	(−6.532)	−0.565***	(−9.066)	−0.891***	(−14.149)	−0.154***	(−2.871)	−0.480***	(−8.837)	−0.327***	(−6.092)
B1–B5:員工相關訊息	−0.416***	(−4.346)	−0.485***	(−5.121)	−0.793***	(−8.213)	−0.069	(−0.791)	−0.377***	(−4.216)	−0.308***	(−3.482)
B6–B7:安全生產訊息	−0.240**	(−2.125)	−0.401***	(−3.709)	−0.827***	(−7.575)	−0.160	(−1.593)	−0.587***	(−5.762)	−0.426***	(−4.436)
B8–B10:社會影響訊息	−0.389***	(−4.180)	−0.393***	(−4.090)	−0.701***	(−7.251)	−0.004	(−0.048)	−0.312***	(−3.498)	−0.308***	(−3.330)
B11–B16:環境相關訊息	−0.483***	(−5.586)	−0.731***	(−8.410)	−1.005***	(−10.776)	−0.248***	(−3.453)	−0.522***	(−6.572)	−0.274***	(−3.423)
B17–B20:公司營運訊息	−0.405***	(−4.298)	−0.631***	(−6.789)	−1.027***	(−10.477)	−0.226***	(−2.817)	−0.622***	(−7.226)	−0.396***	(−4.677)
B1 勞協合同	−0.468***	(−3.543)	−0.372***	(−2.849)	−0.513***	(−3.950)	0.096	(0.775)	−0.045	(−0.364)	−0.141	(−1.159)
B2 員工培訓	−0.558***	(−4.629)	−0.474***	(−3.764)	−0.782***	(−6.259)	0.083	(0.715)	−0.224**	(−1.945)	−0.308***	(−2.540)
B3 員工健康	−0.628***	(−4.734)	−0.641***	(−4.853)	−0.987***	(−7.426)	−0.013	(−0.105)	−0.359***	(−2.913)	−0.346***	(−2.824)
B4 員工薪酬	−0.173	(−1.396)	−0.571***	(−4.670)	−0.936***	(−7.717)	−0.397***	(−3.448)	−0.763***	(−6.674)	−0.365***	(−3.253)
B5 員工關愛	−0.250**	(−2.085)	−0.365***	(−2.941)	−0.744***	(−5.960)	−0.115	(−1.013)	−0.494***	(−4.314)	−0.378***	(−3.179)
B6 安全生產	−0.231*	(−1.888)	−0.436***	(−3.659)	−0.917***	(−7.797)	−0.205*	(−1.855)	−0.686***	(−6.298)	−0.481***	(−4.558)
B7 安全績效	−0.250*	(−1.931)	−0.365***	(−2.952)	−0.737***	(−5.825)	−0.115	(−0.975)	−0.487***	(−4.018)	−0.372***	(−3.229)
B8 公益捐贈	−0.385***	(−3.341)	−0.263**	(−2.146)	−0.660***	(−5.590)	0.122	(1.063)	−0.276**	(−2.508)	−0.397***	(−3.381)
B9 社會貢獻	−0.295***	(−2.606)	−0.397***	(−3.413)	−0.609***	(−5.086)	−0.103	(−0.922)	−0.314***	(−2.739)	−0.212*	(−1.793)

第六章　企業社會責任報告決策值問卷實證分析 | 89

表6-3(續)

變量	文字 VS 表格 均值差	文字 VS 表格 T值	文字 VS 圖形 均值差	文字 VS 圖形 T值	文字 VS 圖表結合 均值差	文字 VS 圖表結合 T值	表格 VS 圖形 均值差	表格 VS 圖形 T值	表格 VS 圖表結合 均值差	表格 VS 圖表結合 T值	圖形 VS 圖表結合 均值差	圖形 VS 圖表結合 T值
B10 採購政策	-0.490***	(-4.166)	-0.519***	(-4.398)	-0.833***	(-6.915)	-0.029	(-0.255)	-0.343***	(-2.956)	-0.314***	(-2.697)
B11 污染識別	-0.532***	(-4.440)	-0.897***	(-7.468)	-0.859***	(-6.709)	-0.365***	(-3.537)	-0.327***	(-2.909)	0.038	(0.341)
B12 污染控制	-0.514***	(-4.846)	-0.645***	(-6.007)	-0.841***	(-7.303)	-0.132	(-1.351)	-0.327***	(-3.090)	-0.195*	(-1.822)
B13 能源來源	-0.641***	(-5.708)	-0.889***	(-7.633)	-1.056***	(-8.532)	-0.248**	(-2.459)	-0.415***	(-3.799)	-0.167	(-1.469)
B14 節約用水	-0.462***	(-4.134)	-0.577***	(-5.009)	-1.064***	(-9.248)	-0.115	(-1.199)	-0.603***	(-6.271)	-0.487***	(-4.864)
B15 溫室氣體	-0.391***	(-3.511)	-0.654***	(-5.594)	-1.076***	(-9.136)	-0.263**	(-2.354)	-0.684***	(-6.084)	-0.422***	(-3.574)
B16 環保投資	-0.354***	(-3.063)	-0.726***	(-6.572)	-1.123***	(-9.908)	-0.372***	(-3.780)	-0.769***	(-7.571)	-0.397***	(-4.150)
B17 防腐政策	-0.460***	(-3.993)	-0.627***	(-5.222)	-1.062***	(-8.861)	-0.167	(-1.485)	-0.603***	(-5.374)	-0.436***	(-3.726)
B18 技術創新	-0.322***	(-2.823)	-0.533***	(-4.776)	-0.911***	(-7.691)	-0.212**	(-2.080)	-0.590***	(-5.410)	-0.378***	(-3.545)
B19 客戶滿意度	-0.444***	(-3.765)	-0.783***	(-6.850)	-1.098***	(-9.254)	-0.340***	(-3.355)	-0.654***	(-6.169)	-0.314***	(-3.076)
B20 客戶的投訴	-0.359***	(-3.015)	-0.545***	(-4.660)	-1.000***	(-8.704)	-0.186*	(-1.709)	-0.641***	(-6.013)	-0.455***	(-4.367)

註：(1) *、** 和 *** 分別表示在 10%、5% 和 1% 的水平上顯著；(2) 因篇幅緣故，變量中的題項名稱經過了簡化；(3) 均值差分別是「文字一表格」「文字一圖形」「文字一圖表結合」「表格一圖形」「表格一圖表結合」「圖形一圖表結合」的各自打分均值之差；(4)「合計」「員工相關信息」「安全生產信息」「社會影響信息」「環境相關信息」和「公司營運信息」是取相關變量的均值。

表 6-4 認知差異下訊息決策的均值 T 檢驗結果

變量 (知識豐富—知識匱乏)	文字 均值差	文字 T值	表格 均值差	表格 T值	圖形 均值差	圖形 T值	圖表結合 均值差	圖表結合 T值	全樣本 均值差	全樣本 T值
B1-B20：總體	0.150	(1.491)	0.097	(1.249)	0.089	(1.180)	0.082	(1.054)	0.105**	(2.131)
B1-B5：員工相關訊息	0.151	(1.028)	0.263**	(2.096)	0.303**	(2.484)	0.303**	(2.374)	0.255***	(3.690)
B6-B7：安全生產訊息	0.135	(0.786)	0.224	(1.480)	0.200	(1.476)	0.208	(1.493)	0.192**	(2.438)
B8-B10：社會影響訊息	0.281**	(1.970)	0.212*	(1.743)	0.284**	(2.178)	0.134	(1.006)	0.227***	(3.306)
B11-B16：環境相關訊息	0.121	(0.852)	-0.020	(-0.193)	-0.088	(-0.842)	-0.068	(-0.546)	-0.013	(-0.202)
B17-B20：公司營運訊息	0.111	(0.735)	-0.084	(-0.716)	-0.115	(-1.022)	-0.069	(-0.530)	-0.039	(-0.554)
B1 勞動合同	0.005	(0.023)	0.020	(0.109)	0.396**	(2.285)	0.286*	(1.656)	0.178*	(1.934)
B2 員工培訓	0.035	(0.188)	0.134	(0.845)	0.356**	(2.051)	0.224	(1.306)	0.187**	(2.100)
B3 員工健康	0.011	(0.054)	0.358**	(2.052)	0.363**	(2.101)	0.429**	(2.459)	0.290***	(3.047)
B4 員工薪酬	0.330*	(1.774)	0.402**	(2.431)	0.037	(0.229)	0.360**	(2.288)	0.282***	(3.174)
B5 員工關愛	0.382**	(2.076)	0.402***	(2.617)	0.363**	(2.160)	0.215	(1.259)	0.341***	(3.907)
B6 安全生產	0.143	(0.765)	0.196	(1.199)	0.160	(1.044)	0.154	(1.035)	0.163*	(1.898)
B7 安全績效	0.127	(0.660)	0.253	(1.422)	0.240	(1.496)	0.262	(1.551)	0.220**	(2.450)
B8 公益捐贈	0.055	(0.311)	0.160	(1.049)	0.185	(1.056)	0.163	(1.003)	0.141*	(1.649)

表6-4(續)

變量 (知識豐富-知識匱乏)	文字 均值差	文字 T值	表格 均值差	表格 T值	圖形 均值差	圖形 T值	圖表結合 均值差	圖表結合 T值	全樣本 均值差	全樣本 T值
B9 社會貢獻	0.396**	(2.367)	0.286*	(1.863)	0.268	(1.640)	0.169	(0.973)	0.280***	(3.333)
B10 採購政策	0.395**	(2.280)	0.185	(1.140)	0.398**	(2.474)	0.070	(0.411)	0.263***	(3.041)
B11 污染識別	0.055	(0.284)	-0.198	(-1.343)	-0.086	(-0.575)	-0.257	(-1.486)	-0.121	(-1.378)
B12 污染控制	0.049	(0.296)	0.042	(0.303)	-0.065	(-0.457)	-0.308*	(-1.882)	-0.069	(-0.863)
B13 能源來源	0.145	(0.799)	0.083	(0.602)	-0.158	(-1.045)	0.004	(0.025)	0.019	(0.216)
B14 節約用水	0.095	(0.512)	0.042	(0.316)	-0.051	(-0.350)	0.011	(0.076)	0.024	(0.295)
B15 溫室氣體	0.136	(0.814)	-0.086	(-0.563)	-0.062	(-0.365)	0.001	(0.006)	-0.005	(-0.052)
B16 環保投資	0.208	(1.150)	-0.004	(-0.029)	-0.088	(-0.663)	0.127	(0.896)	0.059	(0.710)
B17 防腐政策	0.179	(1.014)	-0.022	(-0.143)	-0.123	(-0.732)	-0.053	(-0.314)	-0.005	(-0.054)
B18 技術創新	-0.028	(-0.160)	-0.051	(-0.337)	-0.202	(-1.426)	-0.191	(-1.174)	-0.121	(-1.448)
B19 客戶滿意度	0.261	(1.410)	-0.158	(-1.050)	0.024	(0.173)	-0.013	(-0.086)	0.026	(0.310)
B20 客戶的投訴	0.009	(0.048)	-0.105	(-0.661)	-0.160	(-1.051)	-0.018	(-0.120)	-0.069	(-0.806)

註：(1) *、**和***分別表示在10%、5%和1%的水平上顯著；(2) 因篇幅緣故，變量中的題項名稱經過了簡化，變量「低知識」的各自打分均值之差；(4)「合計」「員工相關信息」「安全生產信息」「社會影響信息」「環境相關信息」和「公司營運信息」是取相關變量的均值。

92 ｜ 企業社會責任報告決策價值研究——基於呈報格式和使用者認知的視角

著提高了社會責任信息的決策價值；從維度來看，員工相關信息、安全生產信息、社會影響信息、環境相關信息和公司營運信息五個維度中，文字形式的信息決策價值均顯著小於表格、圖形和圖表結合形式信息的決策價值（T值絕對值最小為2.125）；從題項來看，除B4項「員工薪酬水平」一項在文字與表格對比中不顯著外（T值=-1.396），其他題項均存在顯著差異。

（2）表格信息的決策價值小於圖形。從總體來看，表格形式的社會責任信息決策價值小於圖形形式（T值=-2.871），驗證了本書的假設H1，即相對於表格式呈報格式，企業社會責任信息圖形式呈報格式決策價值更高；進一步的，從維度來看，環境相關信息和公司營運信息兩個維度中，圖形信息的決策價值顯著大於表格（T值分別為-3.45和-2.82），而員工相關信息（T值=-0.791）、安全生產信息（T值=-1.593）和社會影響信息（T值=-0.004）中，圖形信息的決策價值大於表格但不顯著，表明表格和圖形兩種呈報格式對社會責任信息決策價值的影響在環境和公司營運兩類信息中較為顯著，在另外三類信息中的影響較弱；從題項來看，同樣支持了上述結論，前三個維度中只有B4（T值=-3.448）和B6（T值=-1.855）顯著，而后兩個維度中只有B12（T值=-1.351）、B14（T值=-1.199）和B17（T值=-1.485）不顯著。

（3）表格和圖形信息的決策價值小於圖表結合。從總體來看，表格與圖表結合（T值=-8.837）、圖形與圖表結合（T值=-6.092）之間均存在顯著差異，驗證了本書的假設H2和H3，即相對於圖形或表格單一呈報方式，企業社會責任信息圖表結合呈報方式決策價值更高。從維度來看，五個維度中表格和圖形信息的決策價值也均顯著小於圖表結合形式的信息（T值絕對值最小為3.330），與總體結果一致；從題項來看，除表格與

圖表結合對比中 B1（T 值 = -0.364）不顯著，圖形與圖表結合對比中 B1（T 值 = -1.159）和 B13（T 值 = -1.469）不顯著外，其他題項表格、圖形與圖表結合形式之間差異均顯著（T 值絕對值最小為 1.793）。

（4）社會責任信息對社會責任知識水平高的使用者的決策價值更高。從全樣本總體來看，同一社會責任信息對於社會責任知識水平更高的信息使用者，其價值顯著更高（T 值 = 2.131），在員工、安全生產和社會影響三個維度顯著，且在 B1-B10 項中均顯著，驗證了本書的假設 H4。分呈報形式來看，員工維度在表格、圖形和圖表結合三種呈報格式中顯著（T 值絕對值最小為 2.096），而社會影響維度在文字、表格和圖形三種呈報格式中顯著（T 值絕對值最小為 1.743），分題項結果也基本一致。

2. 分樣本檢驗

上文的結果已經驗證了本書的假設 H1、H2、H3 和 H4，為了驗證本書的假設 H5、H6 和 H7，本書進一步做分樣本均值 T 檢驗，結果見表 6-5 和表 6-6。

（1）從總體來看，上文所證實的呈報形式造成的信息決策價值差異在社會責任水平高和低的樣本中均顯著，只是社會責任知識水平較高樣本 T 值絕對值（T 值分別為 -1.898、-5.690 和 -3.873）略低於社會責任知識水平較高樣本（T 值分別為 -2.167、-6.775 和 -4.710），不能證明本書的假設 H5、H6 和 H7。

（2）從維度來看，社會影響維度信息的圖形和圖表結合形式決策價值差異在社會責任知識水平較高樣本中不顯著（T 值 = -1.572），在社會責任知識水平較低樣本中顯著（T 值 = -3.045），驗證了本書的假設 H7，但是其他維度信息在兩個分類樣本中均顯著，不能驗證假設 H5 和 H6。這表明在社會責任

表 6-5　呈報形式差異下訊息決策價值的均值 T 檢驗結果（社會責任知識水平較高組）

變項	文字 vs 表格 均值差	T 值	文字 vs 圖形 均值差	T 值	文字 vs 圖表結合 均值差	T 值	表格 vs 圖形 均值差	T 值	表格 vs 圖表結合 均值差	T 值	圖形 vs 圖表結合 均值差	T 值
B1–B20:總體	-0.380**	(-4.067)	-0.529***	(-5.642)	-0.852***	(-8.740)	-0.149*	(-1.898)	-0.472***	(-5.690)	-0.323***	(-3.873)
B1–B5:員工相關訊息	-0.482***	(-3.392)	-0.574***	(-4.072)	-0.882***	(-6.163)	-0.092	(-0.780)	-0.400***	(-3.309)	-0.308**	(-2.571)
B6–B7:安全生產訊息	-0.292*	(-1.728)	-0.438**	(-2.739)	-0.869***	(-5.593)	-0.146	(-0.950)	-0.577***	(-3.870)	-0.431***	(-3.106)
B8–B10:社會影響訊息	-0.349**	(-2.356)	-0.395**	(-2.712)	-0.615***	(-3.971)	-0.046	(-0.348)	-0.267*	(-1.868)	-0.221	(-1.572)
B11–B16:環境相關訊息	-0.401***	(-3.030)	-0.609***	(-4.657)	-0.894***	(-6.360)	-0.209**	(-1.962)	-0.494***	(-4.176)	-0.285**	(-2.443)
B17–B20:公司營運訊息	-0.291**	(-2.089)	-0.499***	(-3.593)	-0.922***	(-6.344)	-0.208*	(-1.785)	-0.631***	(-5.083)	-0.423***	(-3.425)
B1 勞動合同	-0.477**	(-2.402)	-0.600***	(-3.069)	-0.677***	(-3.480)	-0.123	(-0.726)	-0.200	(-1.187)	-0.077	(-0.466)
B2 員工培訓	-0.615***	(-3.288)	-0.662***	(-3.484)	-0.892***	(-4.649)	-0.046	(-0.259)	-0.277	(-1.535)	-0.231	(-1.259)
B3 員工健康	-0.831***	(-4.583)	-0.846***	(-4.781)	-1.231***	(-6.830)	-0.015	(-0.100)	-0.400**	(-2.544)	-0.385**	(-2.526)
B4 員工薪酬	-0.215	(-1.176)	-0.400**	(-2.191)	-0.954***	(-5.452)	-0.185	(-1.073)	-0.738***	(-4.504)	-0.554***	(-3.392)
B5 員工關愛	-0.262	(-1.575)	-0.354**	(-2.067)	-0.646***	(-3.473)	-0.092	(-0.622)	-0.385**	(-2.327)	-0.292*	(-1.715)
B6 安全生產	-0.262	(-1.490)	-0.446**	(-2.563)	-0.923***	(-5.649)	-0.185	(-1.099)	-0.662***	(-4.216)	-0.477***	(-3.073)
B7 安全績效	-0.323	(-1.604)	-0.431**	(-2.361)	-0.815***	(-4.548)	-0.108	(-0.578)	-0.492***	(-2.687)	-0.385**	(-2.373)
B8 公益捐贈	-0.446**	(-2.414)	-0.338*	(-1.791)	-0.723***	(-3.770)	0.108	(0.627)	-0.277	(-1.584)	-0.385**	(-2.146)

表6-5（續）

變量	文字 VS 表格 均值差	T值	文字 VS 圖形 均值差	T值	文字 VS 圖表結合 均值差	T值	表格 VS 圖形 均值差	T值	表格 VS 圖表結合 均值差	T值	圖形 VS 圖表結合 均值差	T值
B9 社會貢獻	-0.231	(-1.337)	-0.323*	(-1.943)	-0.477**	(-2.611)	-0.092	(-0.597)	-0.246	(-1.431)	-0.154	(-0.929)
B10 採購政策	-0.366**	(-2.064)	-0.520***	(-2.923)	-0.643***	(-3.544)	-0.154	(-0.920)	-0.277	(-1.620)	-0.123	(-0.718)
B11 污染識別	-0.385**	(-2.189)	-0.815***	(-4.739)	-0.677***	(-3.611)	-0.431***	(-2.801)	-0.292*	(-1.711)	0.138	(0.829)
B12 污染控制	-0.509***	(-3.339)	-0.578***	(-3.839)	-0.632***	(-3.639)	-0.069	(-0.494)	-0.123	(-0.750)	-0.054	(-0.333)
B13 能源來源	-0.604***	(-3.604)	-0.712***	(-4.219)	-0.973***	(-5.507)	-0.108	(-0.699)	-0.369**	(-2.271)	-0.262	(-1.597)
B14 節約用水	-0.431**	(-2.440)	-0.492***	(-2.690)	-1.015***	(-5.624)	-0.062	(-0.436)	-0.585***	(-4.242)	-0.523***	(-3.583)
B15 溫室氣體	-0.262	(-1.567)	-0.538***	(-3.104)	-0.997***	(-5.824)	-0.277*	(-1.695)	-0.735***	(-4.574)	-0.458**	(-2.732)
B16 環保投資	-0.231	(-1.399)	-0.554***	(-3.444)	-1.077***	(-6.493)	-0.323**	(-2.302)	-0.846***	(-5.793)	-0.523***	(-3.700)
B17 防腐政策	-0.343**	(-2.043)	-0.450**	(-2.505)	-0.927***	(-5.306)	-0.108	(-0.661)	-0.585***	(-3.712)	-0.477**	(-2.804)
B18 技術創新	-0.309*	(-1.852)	-0.432***	(-2.624)	-0.816***	(-4.516)	-0.123	(-0.805)	-0.508**	(-2.988)	-0.385**	(-2.291)
B19 客戶滿意度	-0.200	(-1.180)	-0.646***	(-4.019)	-0.938***	(-5.463)	-0.446***	(-3.148)	-0.738***	(-4.793)	-0.292**	(-2.024)
B20 客戶的投訴	-0.292*	(-1.660)	-0.446***	(-2.519)	-0.985***	(-5.932)	-0.154	(-0.931)	-0.692***	(-4.515)	-0.538***	(-3.484)

表 6-6　呈報形式差異下訊息決策價值的均值 T 檢驗結果（社會責任知識水平較低組）

變量	文字 vs 表格 均值差	文字 vs 表格 T值	文字 vs 圖形 均值差	文字 vs 圖形 T值	文字 vs 圖表結合 均值差	文字 vs 圖表結合 T值	表格 vs 圖形 均值差	表格 vs 圖形 T值	表格 vs 圖表結合 均值差	表格 vs 圖表結合 T值	圖形 vs 圖表結合 均值差	圖形 vs 圖表結合 T值
B1-B20:總體	-0.433***	(-5.139)	-0.590***	(-7.132)	-0.920***	(-11.187)	-0.157**	(-2.167)	-0.487***	(-6.775)	-0.330***	(-4.710)
B1-B5:員工相關訊息	-0.369***	(-2.884)	-0.422***	(-3.347)	-0.730***	(-5.663)	-0.053	(-0.435)	-0.360***	(-2.901)	-0.308**	(-2.518)
B6-B7:安全生產訊息	-0.203	(-1.342)	-0.374**	(-2.568)	-0.797***	(-5.296)	-0.170	(-1.291)	-0.593***	(-4.319)	-0.423***	(-3.234)
B8-B10:社會影響訊息	-0.418***	(-3.547)	-0.392***	(-3.120)	-0.762***	(-6.235)	0.026	(0.219)	-0.344***	(-3.039)	-0.370***	(-3.045)
B11-B16:環境相關訊息	-0.542***	(-4.729)	-0.818***	(-7.037)	-1.084***	(-8.695)	-0.277***	(-2.840)	-0.542***	(-5.055)	-0.266**	(-2.435)
B17-B20:公司營運訊息	-0.486***	(-3.813)	-0.725***	(-5.809)	-1.102***	(-8.316)	-0.239**	(-2.180)	-0.615***	(-5.204)	-0.376***	(-3.262)
B1 勞動合同	-0.462***	(-2.602)	-0.209	(-1.203)	-0.396**	(-2.278)	0.253	(1.458)	0.066	(0.380)	-0.187	(-1.102)
B2 員工培訓	-0.516***	(-3.268)	-0.341**	(-2.036)	-0.703***	(-4.269)	0.176	(1.152)	-0.187	(-1.247)	-0.363**	(-2.273)
B3 員工健康	-0.484***	(-2.595)	-0.495***	(-2.643)	-0.813***	(-4.357)	-0.011	(-0.062)	-0.330*	(-1.878)	-0.319*	(-1.807)
B4 員工薪酬	-0.143	(-0.868)	-0.692***	(-4.243)	-0.923***	(-5.641)	-0.549***	(-3.591)	-0.780***	(-5.082)	-0.231	(-1.519)
B5 員工關愛	-0.242	(-1.471)	-0.374**	(-2.179)	-0.813***	(-4.906)	-0.132	(-0.822)	-0.571***	(-3.703)	-0.440***	(-2.716)
B6 安全生產	-0.209	(-1.244)	-0.429***	(-2.643)	-0.912***	(-5.547)	-0.220	(-1.499)	-0.703***	(-4.717)	-0.484***	(-3.387)
B7 安全績效	-0.198	(-1.171)	-0.319*	(-1.905)	-0.681***	(-3.897)	-0.121	(-0.794)	-0.484***	(-3.013)	-0.363**	(-2.283)
B8 公益捐贈	-0.341**	(-2.315)	-0.209	(-1.296)	-0.615***	(-4.115)	0.132	(0.860)	-0.275*	(-1.947)	-0.407***	(-2.613)

第六章　企業社會責任報告決策價值問卷實證分析 | 97

表6-6(續)

變量	文字 VS 表格 均值差	文字 VS 表格 T值	文字 VS 圖形 均值差	文字 VS 圖形 T值	文字 VS 圖表結合 均值差	文字 VS 圖表結合 T值	表格 VS 圖形 均值差	表格 VS 圖形 T值	表格 VS 圖表結合 均值差	表格 VS 圖表結合 T值	圖形 VS 圖表結合 均值差	圖形 VS 圖表結合 T值
B9 社會貢獻	-0.341**	(-2.321)	-0.451**	(-2.852)	-0.703***	(-4.491)	-0.110	(-0.714)	-0.363**	(-2.376)	-0.253	(-1.547)
B10 採購政策	-0.576***	(-3.713)	-0.516***	(-3.359)	-0.967***	(-6.065)	0.059	(0.392)	-0.391**	(-2.486)	-0.451***	(-2.887)
B11 污染識別	-0.637***	(-3.914)	-0.956***	(-5.760)	-0.989***	(-5.689)	-0.319**	(-2.295)	-0.352**	(-2.373)	-0.033	(-0.217)
B12 污染控制	-0.516***	(-3.539)	-0.692***	(-4.623)	-0.989***	(-6.476)	-0.176	(-1.309)	-0.473***	(-3.433)	-0.297**	(-2.094)
B13 能源來源	-0.667***	(-4.412)	-1.016***	(-6.375)	-1.114***	(-6.518)	-0.349***	(-2.608)	-0.448***	(-3.036)	-0.099	(-0.635)
B14 節約用水	-0.484***	(-3.344)	-0.637***	(-4.288)	-1.099***	(-7.328)	-0.154	(-1.173)	-0.615***	(-4.639)	-0.462***	(-3.368)
B15 溫室氣體	-0.484***	(-3.233)	-0.736***	(-4.662)	-1.132***	(-7.029)	-0.253*	(-1.660)	-0.648***	(-4.170)	-0.396**	(-2.418)
B16 環保投資	-0.443***	(-2.777)	-0.849***	(-5.645)	-1.157***	(-7.515)	-0.407***	(-2.988)	-0.714***	(-5.106)	-0.308**	(-2.373)
B17 防腐政策	-0.543***	(-3.455)	-0.752***	(-4.675)	-1.159***	(-7.083)	-0.209	(-1.358)	-0.615***	(-3.931)	-0.407**	(-2.539)
B18 技術創新	-0.331**	(-2.125)	-0.606***	(-4.003)	-0.979***	(-6.230)	-0.275**	(-2.021)	-0.648***	(-4.558)	-0.374***	(-2.716)
B19 客戶滿意度	-0.619***	(-3.838)	-0.883***	(-5.561)	-1.212***	(-7.484)	-0.264*	(-1.867)	-0.593***	(-4.096)	-0.330**	(-2.320)
B20 客戶的投訴	-0.407**	(-2.518)	-0.615***	(-3.946)	-1.011***	(-6.397)	-0.209	(-1.444)	-0.604***	(-4.116)	-0.396***	(-2.811)

知識水平較高的人群中，社會影響信息以圖形和圖表結合形式呈報對其影響較小，而在社會責任知識水平較低的人群中，圖形和圖表結合的呈報形式差異對決策價值影響較大。

（3）從題項來看，社會責任知識水平較高樣本中，呈報形式變化引起決策價值出現顯著差異的，表格與圖形對比有4項，表格與圖表結合對比有14項，圖形與圖表結合對比有13項；與之相比，社會責任知識水平較低樣本中，呈報形式變化引起決策價值出現顯著差異的，表格與圖形對比有7項（多3項：B4、B13和B18），表格與圖表結合對比有18項（多4項：B7、B8、B9和B12），圖形與圖表結合對比有16項（多3項：B2、B10和B12）。這在一定程度上說明與表格呈報形式相比，圖形和圖表結合形式顯著提高信息決策價值且對社會責任知識水平低的信息使用者影響更為顯著；與圖形呈報形式相比，圖表結合形式顯著提高信息決策價值且對社會責任知識水平低的信息使用者影響更為顯著。可見相比於社會責任知識水平較高的樣本，表格、圖形和圖表結合三種呈報形式對信息決策價值的影響在社會責任知識水平較低的樣本中更為顯著，在一定程度上驗證了本書的假設H5、H6和H7。

（4）此外，無論從總體還是從維度來看，將文字的呈報形式替換為表格、圖形和圖表結合三種形式，對信息決策價值有顯著的提升作用，且在社會責任知識水平較高和較低的樣本中均是如此；而從題項的結果來看，社會責任知識水平較高樣本中，呈報形式變化引起決策價值出現顯著差異的，文字與表格對比有12項，文字與圖表結合對比有20項，文字與圖表結合對比有20項；與之相比，社會責任知識水平較低樣本中，文字與表格對比有16項（多4項：B9、B15、B16和B19），文字與圖表結合對比有18項（少2項：B1和B8），文字與圖表結合對比有20項（無變化）。這在一定程度上說明與文字呈報形式相比，

表格形式顯著提高信息決策價值且對社會責任知識水平低的信息使用者影響更為顯著，圖形形式顯著提高信息決策價值且圖形對社會責任知識水平高的信息使用者影響更為顯著，而圖表結合形式對兩類信息使用者的影響均顯著且不存在顯著差異。

二、方差分析

1. 全樣本方差分析

本書以信息使用者對社會責任信息決策價值的評分（Score1）為因變量，以呈報形式（Form）和社會責任知識水平（Know）為自變量，進行了方差分析（ANOVA）。具體來說，樣本按呈報形式劃分為文字、表格、圖形和圖表結合四組，按社會責任知識水平劃分為社會責任知識豐富和社會責任知識匱乏兩組，考慮呈報形式（Form）與社會責任知識水平（Know）對信息使用者的社會責任信息決策價值判斷的影響，同時還考慮兩者的交互影響（Form×Know）。本書進行了未加入協變量的ANOVA分析和加入協變量Boy和Work的ANOVA分析，兩者除顯著性略有變化外，主要結論沒有發生重大變化。ANOVA分析結果見表6-7、表6-8和表6-9。

首先，驗證假設H1。從總體來看（表6-7），呈報形式對信息決策價值有顯著影響（F值=72.655），表明呈報形式變化確實會影響信息決策價值。從事後多重比較結果來看（表6-9），表格和圖形之間存在顯著差異（顯著性=0.008），結合上文T檢驗結果，可以發現相對於表格式呈報格式，企業社會責任信息以圖形式呈報決策價值更高，驗證了本書假設H1。從維度來看，呈報形式對信息決策價值有顯著影響（F值最小為16.316），事後多重比較結果中，表格和圖形的決策價值差異在員工、安全生產和社會影響三個維度顯著，而在環境和公司營運兩個維度差異顯著，表明將表格形式信息替換為圖形形式，

表 6-7　呈報形式與訊息使用者社會責任知識水平影響社會責任訊息決策價值的方差分析

變量	Form df	Form 均方	Form F	Form 顯著性	Know df	Know 均方	Know F	Know 顯著性	Know×Form df	Know×Form 均方	Know×Form F	Know×Form 顯著性	R²	Adj R²
B1–B20:總體	3	19.052	72.655***	0.000	1	1.726	6.584**	0.011	3	0.057	0.219	0.883	0.283	0.274
B1–B5:員工相關訊息	3	15.188	23.381***	0.000	1	9.731	14.981***	0.000	3	0.142	0.218	0.884	0.126	0.116
B6–B7:安全生產訊息	3	18.365	21.442***	0.000	1	5.772	6.739**	0.010	3	0.040	0.047	0.987	0.108	0.098
B8–B10:社會影響訊息	3	10.896	16.316***	0.000	1	8.344	12.494***	0.000	3	0.259	0.388	0.762	0.100	0.090
B11–B16:環境相關訊息	3	25.075	46.988***	0.000	1	0.040	0.074	0.785	3	0.268	0.503	0.680	0.203	0.193
B17–B20:公司營運訊息	3	24.904	40.575***	0.000	1	0.159	0.259	0.611	3	0.470	0.766	0.513	0.182	0.172
B1 勞動合同	3	7.507	6.006***	0.000	1	5.427	4.342**	0.038	3	1.388	1.111	0.344	0.041	0.029
B2 員工培訓	3	15.419	13.769***	0.000	1	4.746	4.238**	0.040	3	0.782	0.699	0.553	0.073	0.062
B3 員工健康	3	25.121	20.275***	0.000	1	12.817	10.344**	0.001	3	0.933	0.753	0.521	0.107	0.096
B4 員工薪酬	3	26.089	23.851***	0.000	1	11.244	10.280***	0.001	3	1.052	0.962	0.410	0.127	0.117
B5 員工關愛	3	12.117	11.222***	0.000	1	17.274	15.997***	0.000	3	0.350	0.324	0.808	0.082	0.071
B6 安全生產	3	22.648	22.130***	0.000	1	4.256	4.159**	0.042	3	0.019	0.019	0.997	0.108	0.098
B7 安全績效	3	14.631	12.525***	0.000	1	7.519	6.436**	0.011	3	0.099	0.085	0.968	0.069	0.058

表6-7(續)

變量	Form df	Form 均方	Form F	Form 顯著性	Know df	Know 均方	Know F	Know 顯著性	Know×Form df	Know×Form 均方	Know×Form F	Know×Form 顯著性	R^2	Adj R^2
B8 公益捐贈	3	10.409	9.866***	0.000	1	3.320	3.147*	0.077	3	0.041	0.039	0.990	0.053	0.042
B9 社會貢獻	3	8.750	8.402***	0.000	1	12.449	11.954***	0.001	3	0.413	0.396	0.756	0.064	0.053
B10 採購政策	3	14.872	14.063***	0.000	1	10.990	10.392***	0.001	3	1.041	0.984	0.400	0.091	0.081
B11 污染識別	3	23.240	22.198***	0.000	1	1.878	1.793	0.181	3	0.906	0.865	0.459	0.113	0.103
B12 污染控制	3	16.915	19.249***	0.000	1	1.041	1.185	0.277	3	1.080	1.229	0.298	0.102	0.092
B13 能源來源	3	27.989	28.483***	0.000	1	0.069	0.070	0.792	3	0.570	0.580	0.629	0.135	0.125
B14 節約用水	3	27.249	31.003***	0.000	1	0.103	0.118	0.732	3	0.068	0.078	0.972	0.139	0.129
B15 溫室氣體	3	29.794	28.976***	0.000	1	0.003	0.003	0.959	3	0.263	0.255	0.858	0.133	0.123
B16 環保投資	3	34.267	38.778***	0.000	1	0.441	0.499	0.480	3	0.549	0.621	0.601	0.171	0.162
B17 防腐政策	3	26.169	25.015***	0.000	1	0.000	0.000	0.998	3	0.585	0.559	0.642	0.121	0.111
B18 技術創新	3	19.853	20.933***	0.000	1	1.825	1.924	0.166	3	0.503	0.530	0.662	0.107	0.096
B19 客戶滿意度	3	31.007	33.342***	0.000	1	0.180	0.193	0.660	3	1.293	1.390	0.245	0.157	0.147
B20 客戶的投訴	3	24.086	25.126***	0.000	1	0.449	0.469	0.494	3	0.338	0.352	0.787	0.118	0.108

註：*、**和***分別表示在10%、5%和1%的水平上顯著。

表6-8 呈報形式與訊息使用者社會責任知識水平影響社會責任訊息決策價值的方差分析
（加入協變量 Boy 和 Work）

變量	df	Form 均方	Form F	Form 顯著性	df	Know 均方	Know F	Know 顯著性	df	Know×Form 均方	Know×Form F	Know×Form 顯著性	R²	Adj R²
B1-B20:總體	3	19.057	72.790***	0.000	1	1.659	6.338**	0.012	3	0.057	0.219	0.883	0.286	0.276
B1-B5:員工相關訊息	3	15.144	23.393***	0.000	1	9.187	14.192***	0.000	3	0.139	0.215	0.886	0.132	0.119
B6-B7:安全生產訊息	3	18.307	21.392***	0.000	1	5.300	6.193*	0.013	3	0.038	0.044	0.988	0.112	0.098
B8-B10:社會影響訊息	3	10.851	16.403***	0.000	1	7.671	11.596***	0.001	3	0.257	0.388	0.762	0.112	0.098
B11-B16:環境相關訊息	3	25.229	47.469***	0.000	1	0.015	0.027	0.869	3	0.262	0.493	0.688	0.208	0.197
B17-B20:公司營運訊息	3	24.881	40.418***	0.000	1	0.156	0.254	0.615	3	0.471	0.764	0.514	0.182	0.17
B1 勞動合同	3	7.420	5.931***	0.001	1	4.964	3.968*	0.047	3	1.380	1.103	0.347	0.043	0.029
B2 員工培訓	3	15.311	13.696***	0.000	1	4.228	3.782*	0.052	3	0.770	0.689	0.559	0.078	0.064
B3 員工健康	3	25.000	20.189***	0.000	1	12.009	9.698**	0.002	3	0.924	0.746	0.525	0.11	0.097
B4 員工薪酬	3	26.106	23.809***	0.000	1	11.079	10.104**	0.002	3	1.052	0.959	0.412	0.128	0.115
B5 員工關愛	3	12.184	11.464***	0.000	1	16.623	15.640***	0.000	3	0.336	0.316	0.814	0.099	0.086
B6 安全生產	3	22.659	22.179***	0.000	1	3.970	3.886*	0.049	3	0.017	0.016	0.997	0.113	0.099
B7 安全績效	3	14.516	12.444***	0.000	1	6.822	5.848*	0.016	3	0.095	0.082	0.970	0.074	0.06
B8 公益捐贈	3	10.332	9.846***	0.000	1	2.773	2.643	0.105	3	0.037	0.036	0.991	0.061	0.047

表6-8(續)

變量	Form				Know				Know×Form			R^2	Adj R^2
	df	均方	F	顯著性	df	均方	F	顯著性	df	均方	F	顯著性		
B9 社會貢獻	3	8.788	8.467***	0.000	1	12.219	11.772***	0.001	3	0.407	0.392	0.759	0.07	0.056
B10 採購政策	3	14.775	14.118***	0.000	1	9.911	9.471***	0.002	3	1.037	0.990	0.397	0.104	0.09
B11 污染識別	3	23.515	22.608***	0.000	1	1.535	1.476	0.225	3	0.897	0.863	0.460	0.122	0.109
B12 污染控制	3	16.972	19.356***	0.000	1	0.869	0.990	0.320	3	1.093	1.246	0.292	0.107	0.094
B13 能源來源	3	28.070	28.672***	0.000	1	0.064	0.066	0.798	3	0.563	0.575	0.632	0.141	0.128
B14 節約用水	3	27.360	31.127***	0.000	1	0.140	0.159	0.690	3	0.065	0.074	0.974	0.142	0.129
B15 溫室氣體	3	29.933	29.129***	0.000	1	0.003	0.003	0.955	3	0.254	0.247	0.863	0.136	0.123
B16 環保投資	3	34.548	39.607***	0.000	1	0.582	0.667	0.414	3	0.537	0.616	0.605	0.185	0.173
B17 防腐政策	3	26.044	24.868***	0.000	1	0.005	0.005	0.944	3	0.593	0.566	0.637	0.123	0.11
B18 技術創新	3	19.868	20.963***	0.000	1	1.628	1.718	0.190	3	0.505	0.533	0.660	0.11	0.097
B19 客戶滿意度	3	31.005	33.229***	0.000	1	0.181	0.194	0.660	3	1.293	1.385	0.246	0.157	0.145
B20 客戶的投訴	3	24.093	25.050***	0.000	1	0.434	0.451	0.502	3	0.337	0.350	0.789	0.118	0.105

註：(1) *、**和***分別表示在10%、5%和1%的水平上顯著；(2) 在引入協變量Boy和Work前，本書檢驗了自變量與協變量之間是否存在交互作用，結果交互項Form×Boy、Form×Work、Know×Boy和Know×Work的基本都不顯著，即滿足斜率同質假設，可以進行協方差分析；(3) 因篇幅限制未呈報協變量Boy和Work的檢驗結果。

表 6-9　基於呈報形式的方差分析多重比較結果

因變量	檢驗方法	(I)Form	(J)Form	均值差(I-J)	標準誤	顯著性
員工相關訊息 (B1-B5)	LSD	文字	表格	-0.410*	0.094	0.000
		文字	圖形	-0.476*	0.094	0.000
		文字	圖表結合	-0.777*	0.094	0.000
		表格	圖形	-0.066	0.093	0.476
		表格	圖表結合	-0.367*	0.093	0.000
		圖形	圖表結合	-0.301*	0.092	0.001
安全生產訊息 (B6-B7)	LSD	文字	表格	-0.252*	0.107	0.019
		文字	圖形	-0.414*	0.107	0.000
		文字	圖表結合	-0.840*	0.107	0.000
		表格	圖形	-0.162	0.106	0.125
		表格	圖表結合	-0.588*	0.106	0.000
		圖形	圖表結合	-0.426*	0.105	0.000
社會影響訊息 (B8-B10)	LSD	文字	表格	-0.382*	0.095	0.000
		文字	圖形	-0.381*	0.095	0.000
		文字	圖表結合	-0.689*	0.095	0.000
		表格	圖形	0.000	0.094	0.996
		表格	圖表結合	-0.307*	0.094	0.001
		圖形	圖表結合	-0.308*	0.094	0.001
環境相關訊息 (B11-B16)	LSD	文字	表格	-0.479*	0.084	0.000
		文字	圖形	-0.734*	0.084	0.000
		文字	圖表結合	-0.996*	0.084	0.000
		表格	圖形	-0.255*	0.083	0.002
		表格	圖表結合	-0.517*	0.083	0.000
		圖形	圖表結合	-0.261*	0.083	0.002
公司營運訊息 (B17-B20)	LSD	文字	表格	-0.391*	0.091	0.000
		文字	圖形	-0.625*	0.090	0.000
		文字	圖表結合	-1.008*	0.090	0.000
		表格	圖形	-0.234*	0.089	0.009
		表格	圖表結合	-0.616*	0.089	0.000
		圖形	圖表結合	-0.382*	0.089	0.000

表6-9(續)

因變量	檢驗方法	(I)Form	(J)Form	均值差(I-J)	標準誤	顯著性
合計 (B1-B20)	LSD	文字	表格	-0.407*	0.059	0.000
		文字	圖形	-0.563*	0.059	0.000
		文字	圖表結合	-0.882*	0.059	0.000
		表格	圖形	-0.156*	0.058	0.008
		表格	圖表結合	-0.475*	0.058	0.000
		圖形	圖表結合	-0.319*	0.058	0.000

註：* 表示在 0.05 水平下顯著。

對環境和公司營運兩類信息的影響顯著，圖形式呈報能提高信息決策價值，進一步驗證了假設 H1。

其次，驗證假設 H2 和 H3。從總體來看，事后多重比較結果中（見表 6-9），表格和圖表結合、圖形和圖表結合之間存在顯著差異（顯著性均為 0.000），結合上文 T 檢驗結果，可以得出結論，即相對於圖形或表格單一呈報方式，企業社會責任信息圖表結合呈報方式決策價值更高，驗證了本書的假設 H2 和 H3。從維度來看，在員工相關信息、安全生產信息、社會影響信息、環境相關信息和公司營運信息五個維度中，表格和圖表結合、圖形和圖表結合之間的差異均顯著，再次驗證了假設 H2 和 H3。

再次，驗證假設 H4。從總體來看（見表 6-7），社會責任知識水平對社會責任信息決策價值有顯著影響（F 值 = 6.584），結合 T 檢驗結果，可以發現社會責任信息對社會責任知識水平高的使用者的決策價值更高，支持了假設 H4。從維度來看，上述影響在員工相關信息、安全生產信息、社會影響信息三個維度中顯著（F 值分別為 14.981、6.739 和 12.494），而在環境相關信息和公司營運信息兩個維度中不顯著（F 值分別為 0.074 和 0.259），原因在於這三個維度的社會責任信息是一般信息使用者不經常接觸的、不直接與經濟效益聯繫的員工、安全生產、

每股社會貢獻和採購政策等信息，普通信息使用者很難判斷這些信息的價值，導致信息價值被低估。而與之相反，環境相關信息和公司營運信息兩個維度的 10 項信息，是一般信息使用者也經常能接觸的、直接與經濟效益聯繫的環境、產品、顧客等信息，一般信息使用者可以理解，信息價值被低估的可能就降低了。分題項結果也支持了上述結論。

此外，事后多重比較結果中（見表 6-9），無論從總體來看，還是分維度來看，文字形式信息與表格、圖形和圖表結合信息之間存在顯著差異。這表明將文字的信息呈報形式變更為表格、圖形或圖表結合，能夠提高信息決策價值。

2. 分樣本方差分析

為驗證假設 H5、H6 和 H7，本書進行了分樣本的方差檢驗，結果見表 6-10 和表 6-11。

首先，由不區分呈報形式的分樣本方差分析結果（見表 6-10）可見，在總體、分維度和分題項三個層次上，呈報形式都會影響信息決策價值。進一步地，從多重比較結果來看（見表 6-11），表格和圖形形式對決策價值的影響在社會責任知識水平較低組與社會責任知識水平較高組之間存在差異。

從總體來看，表格信息的決策價值小於圖形，但在社會責任知識水平較低組中顯著，而在社會責任知識水平較高組中不顯著，表明相比於認知能力高的信息使用者，表格和圖形形式信息的決策價值差異在認知能力低的信息使用者中更為顯著，驗證了本書的假設 H5。從維度來看，在環境和公司營運兩個維度，表格信息的決策價值小於圖形，且在社會責任知識水平較低組中顯著，而在社會責任知識水平較高組中不顯著，再次驗證了本書假設 H5。在社會影響維度，表格信息的決策價值小於圖表結合，圖形信息的決策價值也小於圖表結合，且在社會責任知識水平較低組中顯著，而在社會責任知識水平較高組中不顯著，對本書的假設 H5 和 H6 進行了驗證。

表6-10 呈報形式差異下信息決策價值的方差分析結果（區分信息使用者社會責任知識水平）

變量	社會責任知識水平高 df	均值平方	F	顯著性	R^2	Adj R^2	社會責任知識水平低 df	均值平方	F	顯著性	R^2	Adj R^2
B1-B20:總體	3	12.865	48.089***	0.000	0.29	0.284	3	7.260	28.505***	0.000	0.256	0.247
B1-B5:員工相關信息	3	7.792	10.918***	0.000	0.085	0.077	3	7.572	13.564***	0.000	0.141	0.131
B6-B7:安全生產信息	3	10.630	11.593***	0.000	0.09	0.082	3	8.198	10.640***	0.000	0.114	0.103
B8-B10:社會影響信息	3	8.632	13.180***	0.000	0.101	0.093	3	3.456	5.037***	0.002	0.057	0.046
B11-B16:環境相關信息	3	18.531	33.345***	0.000	0.221	0.214	3	8.612	17.149***	0.000	0.172	0.162
B17-B20:公司營運信息	3	18.760	28.593***	0.000	0.195	0.189	3	8.486	15.329***	0.000	0.156	0.146
B1 勞動合同	3	3.884	2.840**	0.038	0.024	0.015	3	4.814	4.447***	0.005	0.051	0.04
B2 員工培訓	3	7.362	6.589***	0.000	0.053	0.045	3	8.597	7.652***	0.000	0.085	0.074
B3 員工健康	3	10.164	6.759***	0.000	0.054	0.046	3	15.005	17.399***	0.000	0.174	0.164
B4 員工薪酬	3	17.303	14.933***	0.000	0.113	0.105	3	10.939	10.922***	0.000	0.117	0.106
B5 員工關愛	3	9.934	8.136***	0.000	0.065	0.057	3	3.648	4.150***	0.007	0.048	0.036
B6 安全生產	3	13.966	12.518***	0.000	0.096	0.088	3	9.486	10.633***	0.000	0.114	0.103
B7 安全績效	3	7.783	6.339***	0.000	0.051	0.043	3	7.066	6.523***	0.000	0.073	0.062
B8 公益捐贈	3	6.005	5.733***	0.001	0.046	0.038	3	4.678	4.390***	0.005	0.05	0.039

表6-10（續）

變量	社會責任知識水平高							社會責任知識水平低						
	df	均值平方	F	顯著性	R^2	Adj R^2		df	均值平方	F	顯著性	R^2	Adj R^2
B9 社會貢獻	3	7.889	7.118***	0.000	0.057	0.049		3	2.287	2.416*	0.067	0.028	0.017
B10 採購政策	3	13.534	12.293***	0.000	0.095	0.087		3	4.086	4.103**	0.007	0.047	0.036
B11 污染識別	3	18.743	17.013***	0.000	0.126	0.119		3	7.470	7.710***	0.000	0.085	0.074
B12 污染控制	3	14.666	15.737***	0.000	0.118	0.11		3	5.062	6.304***	0.000	0.071	0.06
B13 能源來源	3	21.227	20.054***	0.000	0.146	0.138		3	9.466	10.822***	0.000	0.116	0.105
B14 節約用水	3	17.506	19.482***	0.000	0.142	0.135		3	10.990	12.915***	0.000	0.135	0.125
B15 溫室氣體	3	19.749	17.737***	0.000	0.131	0.124		3	11.773	12.982***	0.000	0.136	0.125
B16 環保投資	3	22.767	23.687***	0.000	0.168	0.16		3	13.713	17.731***	0.000	0.177	0.167
B17 防腐政策	3	20.424	17.878***	0.000	0.132	0.125		3	8.497	9.346***	0.000	0.102	0.091
B18 技術創新	3	15.794	16.170***	0.000	0.121	0.113		3	6.263	6.896***	0.000	0.077	0.066
B19 客戶滿意度	3	23.771	23.094***	0.000	0.164	0.157		3	10.916	13.842***	0.000	0.143	0.133
B20 客戶的投訴	3	16.184	16.046***	0.000	0.12	0.113		3	9.470	10.671***	0.000	0.114	0.104

表 6-11　基於呈報形式的方差分析多重比較結果
（區分訊息使用者社會責任知識水平）

因變量	檢驗方法	(I) Form	(J) Form	社會責任知識水平高 均值差(I-J)	顯著性	社會責任知識水平低 均值差(I-J)	顯著性
員工相關訊息（B1-B5）	LSD	文字	表格	-0.460*	0.001	-0.370*	0.004
		文字	圖形	-0.558*	0.000	-0.417*	0.001
		文字	圖表結合	-0.849*	0.000	-0.725*	0.000
		表格	圖形	-0.099	0.454	-0.047	0.709
		表格	圖表結合	-0.389*	0.003	-0.355*	0.005
		圖形	圖表結合	-0.291*	0.029	-0.308*	0.015
安全生產訊息（B6-B7）	LSD	文字	表格	-0.295	0.063	-0.217	0.135
		文字	圖形	-0.444*	0.005	-0.392*	0.007
		文字	圖表結合	-0.873*	0.000	-0.815*	0.000
		表格	圖形	-0.149	0.337	-0.175	0.221
		表格	圖表結合	-0.578*	0.000	-0.598*	0.000
		圖形	圖表結合	-0.430*	0.006	-0.423*	0.003
社會影響訊息（B8-B10）	LSD	文字	表格	-0.308*	0.039	-0.427*	0.001
		文字	圖形	-0.358*	0.017	-0.394*	0.001
		文字	圖表結合	-0.577*	0.000	-0.764*	0.000
		表格	圖形	-0.050	0.733	0.033	0.787
		表格	圖表結合	-0.269	0.067	-0.337*	0.005
		圖形	圖表結合	-0.219	0.136	-0.370*	0.002
環境相關訊息（B11-B16）	LSD	文字	表格	-0.404*	0.002	-0.531*	0.000
		文字	圖形	-0.629*	0.000	-0.807*	0.000
		文字	圖表結合	-0.884*	0.000	-1.073*	0.000
		表格	圖形	-0.225	0.072	-0.276*	0.013
		表格	圖表結合	-0.480*	0.000	-0.542*	0.000
		圖形	圖表結合	-0.255*	0.043	-0.266*	0.017
公司營運訊息（B17-B20）	LSD	文字	表格	-0.262	0.052	-0.482*	0.000
		文字	圖形	-0.483*	0.000	-0.724*	0.000
		文字	圖表結合	-0.874*	0.000	-1.100*	0.000
		表格	圖形	-0.222	0.092	-0.242*	0.046
		表格	圖表結合	-0.612*	0.000	-0.618*	0.000
		圖形	圖表結合	-0.391*	0.003	-0.376*	0.002

表6-11(續)

因變量	檢驗方法	(I)Form	(J)Form	社會責任知識水平高 均值差(I-J)	顯著性	社會責任知識水平低 均值差(I-J)	顯著性
合計 (B1-B20)	LSD	文字	表格	-0.364*	0.000	-0.434*	0.000
		文字	圖形	-0.523*	0.000	-0.590*	0.000
		文字	圖表結合	-0.826*	0.000	-0.919*	0.000
		表格	圖形	-0.159	0.075	-0.156*	0.044
		表格	圖表結合	-0.462*	0.000	-0.485*	0.000
		圖形	圖表結合	-0.303*	0.001	-0.330*	0.000

註：*表示在0.05水平下顯著。

第三節　拓展性研究

由上文分析可知，文字信息的決策價值基本都落在3.5~4，屬於有點價值的範疇；表格信息和圖形信息的決策價值基本都落在4~4.5，屬於有價值的範疇，圖形略大於表格；圖表結合信息的決策價值基本都落在4.5~5，同樣屬於有價值的範疇，可見社會責任信息的價值處於有點重要的水平，信息使用者認為其價值不是很高。那麼，作為信息使用者多元化、信息涵蓋內容豐富的社會責任報告，是否存在其他的價值？

Carroll（1979）指出，企業社會責任是指某一特定時期社會對組織所寄托的經濟、法律、倫理和自由裁決的期望，由經濟責任、法律責任、倫理責任和慈善責任四個維度構成。企業社會責任的產生，是為了解決一些市場失靈和政府干預失效的社會問題。然而，問卷結果表明社會責任信息的決策價值並不是很高，對利益相關者的決策幫助不是很大。那麼，在當前制度設計不完善、監管政策不到位的市場背景下，企業發布社會責任報告的真正動機是什麼呢？關於這一點，現有研究仍不能達

成一致意見。一些研究表明，企業社會責任是促進企業可持續發展的「價值利器」（kim et al., 2012；趙燕，2013）；另一些研究則表明，企業社會責任是掩蓋企業不當行為的「自利工具」（Friedman, 1970；高勇強等，2012；權小鋒等，2015）。本書以社會責任信息的公共關係價值為切入點，對社會責任報告的發布動機進行探究。

一、企業社會責任報告公共關係價值影響因素分析

由圖6-1和圖6-2可見，呈報形式和信息使用者社會責任知識水平均會影響社會責任信息公共關係價值。不同呈報形式的信息按公共關係價值大小，從小到大排序分別是圖表結合大

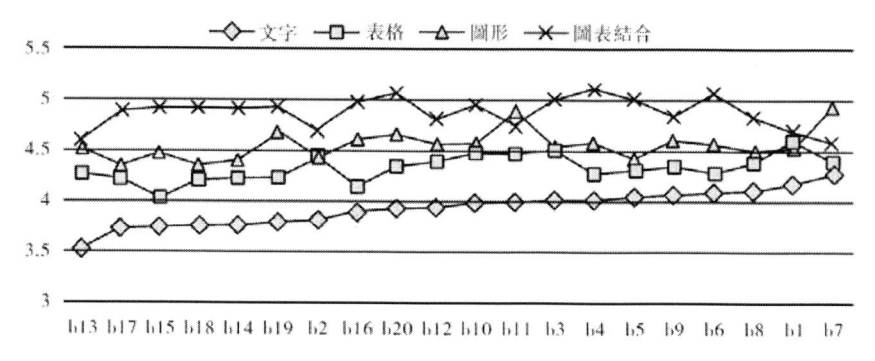

圖6-1　呈報形式差異下社會責任訊息公共關係價值

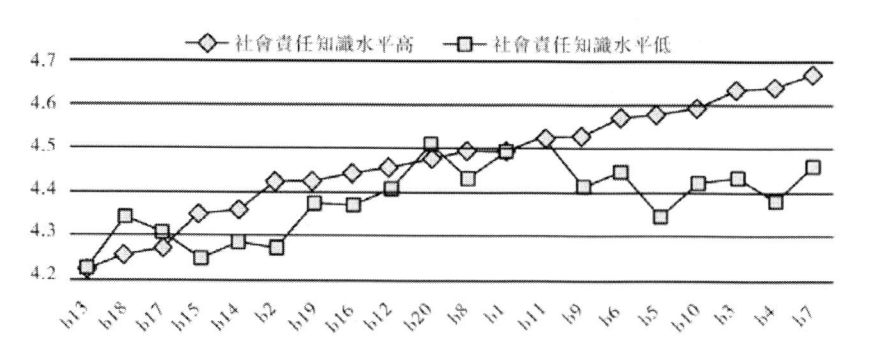

圖6-2　訊息使用者社會責任知識水平差異下社會責任訊息公共關係價值

於圖形，圖形大於表格，表格大於文字，表明與信息決策價值一樣，呈報形式影響社會責任信息公共關係價值。與信息決策價值的結果類似，社會責任認知水平越高的信息使用者，認為社會責任信息的公共關係價值越高。

為了進一步研究呈報形式和社會責任認知水平對信息公共關係價值的影響，本書進行了均值T檢驗和方差分析，比較了文字、表格、圖形和圖表結合四種呈報形式的社會責任信息公共關係價值差異，以及社會責任知識水平對社會責任信息公共關係價值的影響。從表6-12、表6-13和表6-14的結果來看，與上文初步分析的結果一致，得出的主要結論如下：

（1）文字信息的公共關係價值小於表格、圖形和圖表結合信息。從總體來看，文字信息的公共關係價值顯著小於表格（T值=-6.663）、圖形（T值=-10.635）和圖表結合信息（T值=-15.391），表明相較於文字的呈報形式，表格、圖形和圖表結合三種呈報形式顯著提高了社會責任信息的公共關係價值；從維度來看，除安全生產信息外，在員工相關信息、社會影響信息、環境相關信息和公司營運信息四個維度中，文字形式的信息公共關係價值均顯著小於表格、圖形和圖表結合形式信息的公共關係價值（T值絕對值最小為3.871）；從題項來看，除B6和B7兩項在文字與表格對比中不顯著外（T值=-1.539和-0.999），其他題項均存在顯著差異。從方差分析結果來看，無論總體還是分維度，文字信息的公共關係價值均顯著小於表格、圖形和圖表結合信息，與上述結論一致。

（2）表格信息的公共關係價值小於圖形。從總體來看，表格形式的社會責任信息公共關係價值小於圖形形式（T值=-4.464），表明相對於表格式呈報格式，企業社會責任信息圖形式呈報格式公共關係價值更高；進一步的，從維度來看，安全生產、社會影響、環境相關信息和公司營運信息四個維度中，

圖形信息的公共關係價值顯著大於表格（T值分別為-4.084、-1.743、-4.232和-2.927），僅在員工相關信息維度，圖形信息的公共關係價值沒有顯著大於表格（T值=-0.850）。從方差分析結果來看，在員工和社會影響兩個維度，表格信息的公共關係價值小於圖形但不顯著，在其他維度差異均顯著，與上述結論一致。

（3）表格和圖形信息的公共關係價值小於圖表結合。從總體來看，表格與圖表結合（T值=-10.197）、圖形與圖表結合（T值=-6.144）之間均存在顯著差異，表明相對於圖形或表格單一呈報方式，企業社會責任信息圖表結合呈報方式公共關係價值更高。從維度來看，五個維度中除圖形與圖表結合對比時，安全生產信息維度不顯著（T值=-0.786）外，表格和圖形信息的公共關係價值也均顯著小於圖表結合形式的信息（T值絕對值最小為2.990），與總體結果一致。方差分析結果與上述結論一致。

（4）社會責任信息對社會責任知識水平高的使用者的公共關係價值更高。從全樣本總體來看，同一社會責任信息對於社會責任知識水平更高的信息使用者，其價值顯著更高（T值=1.787），在員工、安全生產和社會影響三個維度顯著（T值分別為2.511、2.176和1.677）。分呈報形式來看，文字呈報格式中，總體（T值=1.717）和安全生產維度（T值=1.751）顯著，而在表格、圖形和圖表結合呈報格式中，差異均不顯著。方差分析結果與上述結論一致，在總體（F值=4.235）和員工（F值=6.595）、安全生產（F值=5.502）、社會影響（F值=2.918）三個維度顯著。

表 6-12　呈報形式差異下社會責任訊息公共關係價值的均值 T 檢驗結果

變項	文字 VS 表格 均值差	文字 VS 表格 T值	文字 VS 圖形 均值差	文字 VS 圖形 T值	文字 VS 圖表結合 均值差	文字 VS 圖表結合 T值	表格 VS 圖形 均值差	表格 VS 圖形 T值	表格 VS 圖表結合 均值差	表格 VS 圖表結合 T值	圖形 VS 圖表結合 均值差	圖形 VS 圖表結合 T值
B1-B20:總體	-0.404***	(-6.663)	-0.628***	(-10.635)	-0.939***	(-15.391)	-0.224***	(-4.464)	-0.535***	(-10.197)	-0.311***	(-6.144)
B1-B5:員工相關訊息	-0.420***	(-4.685)	-0.489***	(-5.432)	-0.879***	(-9.483)	-0.070	(-0.850)	-0.460***	(-5.402)	-0.390***	(-4.551)
B6-B7:安全生產訊息	-0.160	(-1.427)	-0.561***	(-5.097)	-0.635***	(-5.845)	-0.401***	(-4.084)	-0.474***	(-4.918)	-0.074	(-0.786)
B8-B10:社會影響訊息	-0.363***	(-3.871)	-0.512***	(-5.457)	-0.818***	(-8.734)	-0.149*	(-1.743)	-0.455***	(-5.346)	-0.307***	(-3.605)
B11-B16:環境相關訊息	-0.453***	(-4.979)	-0.770***	(-8.584)	-1.013***	(-10.531)	-0.317***	(-4.232)	-0.560***	(-6.782)	-0.243***	(-2.990)
B17-B20:公司營運訊息	-0.466***	(-4.946)	-0.709***	(-7.771)	-1.147***	(-12.253)	-0.244***	(-2.927)	-0.681***	(-7.942)	-0.438***	(-5.299)
B1 勞動合同	-0.422***	(-3.323)	-0.371***	(-2.938)	-0.516***	(-4.063)	0.051	(0.414)	-0.094	(-0.755)	-0.145	(-1.174)
B2 員工培訓	-0.635***	(-5.563)	-0.615***	(-4.869)	-0.865***	(-6.916)	0.019	(0.166)	-0.231**	(-2.016)	-0.250**	(-1.973)
B3 員工健康	-0.506***	(-3.875)	-0.532***	(-3.959)	-0.981***	(-7.713)	-0.026	(-0.204)	-0.474***	(-4.024)	-0.449***	(-3.679)
B4 員工薪酬	-0.256**	(-2.117)	-0.565***	(-4.630)	-1.077***	(-8.917)	-0.309***	(-2.743)	-0.821***	(-7.373)	-0.512***	(-4.563)
B5 員工關愛	-0.276**	(-2.350)	-0.365***	(-3.107)	-0.955***	(-7.909)	-0.090	(-0.837)	-0.679***	(-6.142)	-0.590***	(-5.315)
B6 安全生產	0.192	(-1.539)	-0.462***	(-3.741)	-0.955***	(-7.837)	-0.269**	(-2.407)	-0.763***	(-6.923)	-0.494***	(-4.554)
B7 安全納效	-0.128	(-0.999)	-0.660***	(-5.065)	-0.314**	(-2.504)	-0.532***	(-4.412)	-0.186	(-1.613)	0.346***	(2.945)
B8 公益捐贈	-0.295**	(-2.521)	-0.417***	(-3.431)	-0.731***	(-6.334)	-0.122	(-1.052)	-0.436***	(-3.984)	-0.314***	(-2.751)

表6-12(續)

變量	文字 VS 表格 均值差	文字 VS 表格 T值	文字 VS 圖形 均值差	文字 VS 圖形 T值	文字 VS 圖表結合 均值差	文字 VS 圖表結合 T值	表格 VS 圖形 均值差	表格 VS 圖形 T值	表格 VS 圖表結合 均值差	表格 VS 圖表結合 T值	圖形 VS 圖表結合 均值差	圖形 VS 圖表結合 T值
B9 社會貢獻	−0.282**	(−2.457)	−0.542***	(−4.867)	−0.763***	(−6.655)	−0.260**	(−2.368)	−0.481***	(−4.249)	−0.220**	(−2.009)
B10 採購政策	−0.516***	(−4.432)	−0.571***	(−4.814)	−0.962***	(−8.340)	−0.055	(−0.492)	−0.446***	(−4.148)	−0.391***	(−3.564)
B11 污染識別	−0.474***	(−3.867)	−0.891***	(−7.396)	−0.744***	(−5.702)	−0.417***	(−3.982)	−0.269**	(−2.322)	0.147	(1.298)
B12 污染控制	−0.462***	(−3.974)	−0.632***	(−5.287)	−0.872***	(−7.071)	−0.170	(−1.591)	−0.410***	(−3.686)	−0.240**	(−2.091)
B13 能源來源	−0.752***	(−6.789)	−1.006***	(−8.671)	−1.077***	(−8.693)	−0.255**	(−2.380)	−0.325***	(−2.818)	−0.071	(−0.586)
B14 節約用水	−0.468***	(−4.006)	−0.635***	(−5.261)	−1.141***	(−9.416)	−0.167	(−1.571)	−0.673***	(−6.306)	−0.506***	(−4.565)
B15 溫室氣體	−0.308***	(−2.630)	−0.737***	(−6.083)	−1.166***	(−9.450)	−0.429***	(−3.898)	−0.858***	(−7.628)	−0.429***	(−3.668)
B16 環保投資	−0.244**	(−1.981)	−0.712***	(−6.186)	−1.065***	(−8.749)	−0.468***	(−4.499)	−0.821***	(−7.380)	−0.353***	(−3.453)
B17 防腐政策	−0.508***	(−4.170)	−0.611***	(−5.229)	−1.156***	(−9.550)	−0.103	(−0.936)	−0.647***	(−5.678)	−0.545***	(−5.016)
B18 技術創新	−0.473***	(−3.986)	−0.601***	(−5.171)	−1.165***	(−9.971)	−0.128	(−1.115)	−0.692***	(−5.987)	−0.564***	(−4.982)
B19 客戶滿意度	−0.444***	(−3.742)	−0.873***	(−7.395)	−1.123***	(−9.349)	−0.429***	(−4.105)	−0.679***	(−6.355)	−0.250**	(−2.350)
B20 客戶的投訴	−0.417***	(−3.516)	−0.731***	(−6.321)	−1.122***	(−10.041)	−0.314***	(−2.887)	−0.705***	(−6.737)	−0.391***	(−3.857)

表6-13　認知差異下社會責任訊息公共關係價值的均值T檢驗結果

變量 (知識豐富—知識匱乏)	文字 均值差	文字 T值	表格 均值差	表格 T值	圖形 均值差	圖形 T值	圖表結合 均值差	圖表結合 T值	全樣本 均值差	全樣本 T值
B1–B20:合計	0.167*	(1.717)	0.058	(0.772)	0.057	(0.824)	0.066	(0.865)	0.087*	(1.787)
B1–B5:員工相關訊息	0.216	(1.562)	0.110	(0.938)	0.155	(1.307)	0.196	(1.549)	0.169**	(2.511)
B6–B7:安全生產訊息	0.307*	(1.751)	0.045	(0.311)	0.149	(1.092)	0.168	(1.275)	0.167**	(2.176)
B8–B10:社會影響訊息	0.095	(0.652)	0.193	(1.589)	0.159	(1.302)	0.011	(0.090)	0.115	(1.677)
B11–B16:環境相關訊息	0.142	(0.958)	0.033	(0.297)	0.012	(0.111)	0.011	(0.084)	0.049	(0.714)
B17–B20:公司營運訊息	0.135	(0.927)	−0.064	(−0.513)	−0.125	(−1.093)	−0.025	(−0.202)	−0.020	(−0.275)
B1 勞動合同	−0.020	(−0.105)	−0.114	(−0.638)	0.079	(0.448)	0.086	(0.479)	0.008	(0.090)
B2 員工培訓	0.171	(0.958)	−0.020	(−0.134)	0.171	(0.933)	0.270	(1.508)	0.148*	(1.649)
B3 員工健康	0.084	(0.417)	0.191	(1.097)	0.226	(1.221)	0.301**	(1.857)	0.201**	(2.123)
B4 員工薪酬	0.479***	(2.620)	0.251	(1.572)	0.107	(0.658)	0.189	(1.190)	0.257***	(2.880)
B5 員工關愛	0.371**	(2.062)	0.242	(1.586)	0.193	(1.257)	0.132	(0.803)	0.235***	(2.728)
B6 安全生產	0.284	(1.466)	0.007	(0.040)	0.046	(0.291)	0.149	(0.977)	0.121	(1.371)
B7 安全績效	0.330*	(1.681)	0.084	(0.491)	0.253	(1.440)	0.187	(1.163)	0.213**	(2.369)
B8 公益捐贈	−0.033	(−0.187)	0.200	(1.258)	0.044	(0.254)	0.033	(0.213)	0.061	(0.714)

第六章　企業社會責任報告決策價值問卷實證分析　117

表6-13(續)

變量 (知識豐富—知識匱乏)	文字 均值差	文字 T值	表格 均值差	表格 T值	圖形 均值差	圖形 T值	圖表結合 均值差	圖表結合 T值	全樣本 均值差	全樣本 T值
B9 社會貢獻	0.048	(0.289)	0.303*	(1.881)	0.148	(0.970)	-0.046	(-0.284)	0.114	(1.361)
B10 採購政策	0.272	(1.539)	0.072	(0.460)	0.295*	(1.830)	0.046	(0.302)	0.170**	(1.988)
B11 污染識別	0.248	(1.272)	-0.011	(-0.071)	-0.013	(-0.090)	-0.235	(-1.324)	-0.003	(-0.031)
B12 污染控制	0.137	(0.742)	0.268*	(1.821)	-0.062	(-0.390)	-0.145	(-0.852)	0.051	(0.586)
B13 能源來源	0.138	(0.804)	-0.138	(-0.949)	-0.020	(-0.122)	-0.009	(-0.048)	-0.006	(-0.072)
B14 節約用水	0.048	(0.258)	0.090	(0.616)	0.015	(0.097)	0.149	(0.934)	0.076	(0.862)
B15 溫室氣體	0.266	(1.461)	-0.024	(-0.159)	0.084	(0.507)	0.085	(0.495)	0.100	(1.101)
B16 環保投資	-0.023	(-0.121)	0.007	(0.041)	0.075	(0.552)	0.209	(1.334)	0.065	(0.747)
B17 防腐政策	0.080	(0.435)	0.026	(0.159)	-0.097	(-0.647)	-0.134	(-0.826)	-0.033	(-0.367)
B18 技術創新	0.069	(0.400)	-0.110	(-0.651)	-0.251	(-1.558)	-0.031	(-0.188)	-0.086	(-0.959)
B19 客戶滿意度	0.287	(1.540)	-0.079	(-0.523)	-0.024	(-0.161)	0.022	(0.141)	0.050	(0.564)
B20 客戶的投訴	0.068	(0.380)	-0.092	(-0.574)	-0.130	(-0.855)	0.044	(0.315)	-0.027	(-0.320)

表 6-14　呈報形式與訊息使用者社會責任知識水平影響社會責任訊息公共關係價值的方差分析

變量	df	均方	Form F	顯著性	df	均方	Know F	顯著性	df	均方	Know×Form F	顯著性	R²	Adj R²
B1-B20:合計	3	18.353	30.593***	0.000	1	3.957	6.595**	0.010	3	0.057	0.095	0.963	0.144	0.134
B1-B5:員工相關訊息	3	14.192	17.029***	0.000	1	4.586	5.502**	0.019	3	0.431	0.517	0.670	0.091	0.08
B6-B7:安全生產訊息	3	16.405	25.898***	0.000	1	1.848	2.918*	0.088	3	0.238	0.376	0.770	0.124	0.114
B8-B10:社會影響訊息	3	26.647	46.427***	0.000	1	0.248	0.433	0.511	3	0.128	0.222	0.881	0.197	0.188
B11-B16:環境相關訊息	3	31.871	53.080***	0.000	1	0.064	0.107	0.744	3	0.433	0.722	0.539	0.221	0.212
B17-B20:公司營運訊息	3	21.938	90.325***	0.000	1	1.029	4.235**	0.040	3	0.090	0.369	0.775	0.324	0.316
B1 勞動合同	3	6.703	5.504***	0.001	1	0.030	0.025	0.874	3	0.399	0.327	0.806	0.028	0.017
B2 員工培訓	3	19.262	16.785***	0.000	1	3.039	2.648	0.104	3	0.543	0.473	0.701	0.083	0.073
B3 員工健康	3	23.999	19.254***	0.000	1	5.744	4.609**	0.032	3	0.478	0.384	0.765	0.094	0.084
B4 員工薪酬	3	30.595	28.860***	0.000	1	9.685	9.135***	0.003	3	0.901	0.849	0.467	0.147	0.137
B5 員工關愛	3	22.540	22.363***	0.000	1	8.225	8.161***	0.004	3	0.481	0.478	0.698	0.119	0.109
B6 安全生產	3	25.479	23.727***	0.000	1	2.612	2.432	0.119	3	0.618	0.575	0.631	0.115	0.105
B7 安全績效	3	12.739	10.802***	0.000	1	7.111	6.030**	0.014	3	0.358	0.303	0.823	0.063	0.052

第六章　企業社會責任報告決策價值問卷實證分析 ┊119

表6-14(續)

變量	Form df	Form 均方	Form F	Form 顯著性	Know df	Know 均方	Know F	Know 顯著性	Know×Form df	Know×Form 均方	Know×Form F	Know×Form 顯著性	R^2	Adj R^2
B8 公益捐贈	3	13.810	13.074***	0.000	1	0.495	0.469	0.494	3	0.341	0.323	0.809	0.064	0.053
B9 社會貢獻	3	14.990	15.116***	0.000	1	1.763	1.778	0.183	3	0.940	0.948	0.417	0.081	0.07
B10 採購政策	3	21.476	21.411***	0.000	1	4.192	4.179**	0.041	3	0.572	0.570	0.635	0.11	0.099
B11 污染識別	3	20.008	18.458***	0.000	1	0.059	0.055	0.815	3	1.263	1.165	0.322	0.096	0.086
B12 污染控制	3	18.210	17.645***	0.000	1	0.233	0.226	0.635	3	1.400	1.357	0.255	0.094	0.083
B13 能源來源	3	32.950	31.952***	0.000	1	0.041	0.040	0.842	3	0.369	0.358	0.784	0.145	0.135
B14 節約用水	3	32.514	32.346***	0.000	1	0.565	0.563	0.454	3	0.217	0.216	0.886	0.141	0.131
B15 溫室氣體	3	37.287	35.437***	0.000	1	2.087	1.983	0.160	3	0.667	0.634	0.593	0.161	0.151
B16 環保投資	3	34.211	33.903***	0.000	1	0.574	0.569	0.451	3	0.308	0.305	0.822	0.147	0.137
B17 防腐政策	3	30.408	29.579***	0.000	1	0.111	0.108	0.743	3	0.418	0.407	0.748	0.138	0.128
B18 技術創新	3	32.803	31.622***	0.000	1	0.718	0.692	0.406	3	0.706	0.681	0.564	0.146	0.136
B19 客戶滿意度	3	34.066	35.013***	0.000	1	0.279	0.286	0.593	3	1.068	1.098	0.349	0.161	0.152
B20 客戶的投訴	3	32.590	34.550***	0.000	1	0.131	0.138	0.710	3	0.291	0.308	0.819	0.153	0.143

註：*、**、和***分別表示在10%、5%和1%的水平上顯著。

表 6-15　基於呈報形式公共關係價值的方差分析多重比較結果

因變量	檢驗方法	(I)Form	(J)Form	均值差(I-J)	標準誤	顯著性
員工相關訊息 (B1-B5)	LSD	文字	表格	-0.397,4*	0.089	0.000
		文字	圖形	-0.464,8*	0.090	0.000
		文字	圖表結合	-0.860,5*	0.089	0.000
		表格	圖形	-0.067	0.089	0.447
		表格	圖表結合	-0.463,1*	0.088	0.000
		圖形	圖表結合	-0.395,6*	0.088	0.000
安全生產訊息 (B6-B7)	LSD	文字	表格	-0.158	0.105	0.135
		文字	圖形	-0.570*	0.106	0.000
		文字	圖表結合	-0.642*	0.105	0.000
		表格	圖形	-0.412*	0.104	0.000
		表格	圖表結合	-0.485*	0.104	0.000
		圖形	圖表結合	-0.073	0.104	0.486
社會影響訊息 (B8-B10)	LSD	文字	表格	-0.357*	0.092	0.000
		文字	圖形	-0.494*	0.092	0.000
		文字	圖表結合	-0.812*	0.092	0.000
		表格	圖形	-0.137	0.091	0.133
		表格	圖表結合	-0.455*	0.091	0.000
		圖形	圖表結合	-0.318*	0.091	0.000
環境相關訊息 (B11-B16)	LSD	文字	表格	-0.446*	0.087	0.000
		文字	圖形	-0.754*	0.088	0.000
		文字	圖表結合	-1.00*	0.087	0.000
		表格	圖形	-0.308*	0.087	0.000
		表格	圖表結合	-0.554*	0.086	0.000
		圖形	圖表結合	-0.246*	0.086	0.005

表6-15(續)

因變量	檢驗方法	(I)Form	(J)Form	均值差(I-J)	標準誤	顯著性
公司營運訊息 （B17-B20）	LSD	文字	表格	-0.460*	0.089	0.000
		文字	圖形	-0.697*	0.090	0.000
		文字	圖表結合	-1.131*	0.089	0.000
		表格	圖形	-0.237*	0.089	0.008
		表格	圖表結合	-0.671*	0.088	0.000
		圖形	圖表結合	-0.434*	0.088	0.000
合計 （B1-B20）	LSD	文字	表格	-0.394*	0.057	0.000
		文字	圖形	-0.613*	0.057	0.000
		文字	圖表結合	-0.927*	0.057	0.000
		表格	圖形	-0.218*	0.056	0.000
		表格	圖表結合	-0.533*	0.056	0.000
		圖形	圖表結合	-0.315*	0.056	0.000

註：*表示在0.05水平下顯著。

　　進一步地，本書進行分樣本檢驗，將樣本分為社會責任知識水平低和高兩組，分別研究呈報形式的影響，得出的結果見表6-16、表6-17和表6-18。

　　（1）從總體來看，上文所證實的呈報形式造成的信息公共關係價值差異在社會責任水平高和低的樣本中均顯著，只是社會責任知識水平較高樣本T值絕對值（T值分別為-3.681、-6.502、-9.947、-3.057、-7.176和-4.644）略低於社會責任知識水平較低樣本（T值分別為-5.633、-8.469、-11.841、-3.277、-7.359和-4.272）。方差分析的結果同樣如此，F值分別為39.188和55.530。

　　（2）從維度來看，社會影響和環境兩個維度的圖形和圖表結合形式，以及公司營運維度的表格和圖形形式之間，公共關

係價值差異在社會責任知識水平較高樣本中不顯著，而在社會責任知識水平較低樣本中顯著。這表明在社會責任知識水平較高的人群中，社會影響信息以表格、圖形和圖表結合形式呈報對其影響較小，而在社會責任知識水平較低的人群中，呈報形式差異對公共關係價值影響較大。

（3）從題項來看，社會責任知識水平較高樣本中，呈報形式變化引起公共關係價值出現顯著差異的，表格與圖形對比有 8 項，表格與圖表結合對比有 16 項，圖形與圖表結合對比有 14 項；與之相比，社會責任知識水平較低樣本中，呈報形式變化引起公共關係價值出現顯著差異的，表格與圖形對比有 10 項（多 2 項），表格與圖表結合對比有 17 項（多 1 項），圖形與圖表結合對比有 15 項（少 1 項）。

（4）此外，無論從總體還是從維度來看，將文字的呈報形式替換為表格、圖形和圖表結合三種形式，對信息公共關係價值有顯著的提升作用，且在社會責任知識較高和較低的樣本中均是如此；而從題項的結果來看，社會責任知識水平較高樣本中，呈報形式變化引起公共關係價值出現顯著差異的，文字與表格對比有 13 項，文字與圖表結合對比有 19 項；與之相比，社會責任知識水平較低樣本中，文字與表格對比有 16 項（多 3 項），文字與圖表結合對比有 20 項（多 1 項）。這在一定程度上說明與文字呈報形式相比，表格、圖形和圖表結合形式均能顯著提高信息公共關係價值且對社會責任知識水平低的信息使用者影響更為顯著。

表6-16 呈報形式差異下訊息公共關係價值的均值T檢驗結果（社會責任知識水平高）

變數	文字 vs 表格 均值差	T值	文字 vs 圖形 均值差	T值	文字 vs 圖表結合 均值差	T值	表格 vs 圖形 均值差	T值	表格 vs 圖表結合 均值差	T值	圖形 vs 圖表結合 均值差	T值
B1-B20:合計	-0.340***	(-3.681)	-0.564***	(-6.502)	-0.880***	(-9.947)	-0.224***	(-3.057)	-0.540***	(-7.176)	-0.316***	(-4.644)
B1-B5:員工相關訊息	-0.358***	(-2.777)	-0.454***	(-3.537)	-0.868***	(-6.408)	-0.096	(-0.851)	-0.510***	(-4.216)	-0.414***	(-3.436)
B6-B7:安全生產訊息	-0.008	(-0.045)	-0.469**	(-2.817)	-0.554***	(-3.390)	-0.462***	(-3.142)	-0.546***	(-3.811)	-0.085	(-0.618)
B8-B10:社會影響訊息	-0.421***	(-2.972)	-0.549***	(-4.011)	-0.769***	(-5.395)	-0.128	(-1.010)	-0.349*	(-2.620)	-0.221*	(-1.722)
B11-B16:環境相關訊息	-0.389***	(-2.755)	-0.694***	(-5.120)	-0.936***	(-6.572)	-0.305**	(-2.759)	-0.548***	(-4.602)	-0.243**	(-2.159)
B17-B20:公司營運訊息	-0.350**	(-2.388)	-0.558***	(-3.891)	-1.054***	(-7.438)	-0.208	(-1.589)	-0.704***	(-5.463)	-0.496***	(-3.963)
B1 勞動合同	-0.367**	(-1.994)	-0.428**	(-2.315)	-0.578***	(-3.115)	-0.062	(-0.354)	-0.211	(-1.211)	-0.150	(-0.853)
B2 員工培訓	-0.523***	(-3.088)	-0.615***	(-3.408)	-0.923***	(-4.986)	-0.092	(-0.526)	-0.400**	(-2.220)	-0.308	(-1.613)
B3 員工健康	-0.569***	(-3.161)	-0.615***	(-3.308)	-1.108***	(-6.245)	-0.046	(-0.277)	-0.538***	(-3.434)	-0.492***	(-3.009)
B4 員工薪酬	-0.123	(-0.704)	-0.348**	(-2.000)	-0.908***	(-5.219)	-0.225	(-1.313)	-0.785***	(-4.578)	-0.559***	(-3.280)
B5 員工關愛	-0.200	(-1.111)	-0.262	(-1.510)	-0.815***	(-4.335)	-0.062	(-0.385)	-0.615***	(-3.498)	-0.554***	(-3.277)
B6 安全生產	-0.031	(-0.161)	-0.323*	(-1.699)	-0.877***	(-4.917)	-0.292*	(-1.658)	-0.846***	(-5.175)	-0.554***	(-3.413)
B7 安全績效	0.015	(0.077)	-0.615***	(-3.190)	-0.231	(-1.184)	-0.631***	(-3.506)	-0.246	(-1.352)	0.385**	(2.224)
B8 公益捐贈	-0.431**	(-2.527)	-0.462**	(-2.583)	-0.769***	(-4.269)	-0.031	(-0.181)	-0.338**	(-1.971)	-0.308*	(-1.710)

表6-16(續1)

變量	文字 VS 表格 均值差	文字 VS 表格 T值	文字 VS 圖形 均值差	文字 VS 圖形 T值	文字 VS 圖表結合 均值差	文字 VS 圖表結合 T值	表格 VS 圖形 均值差	表格 VS 圖形 T值	表格 VS 圖表結合 均值差	表格 VS 圖表結合 T值	圖形 VS 圖表結合 均值差	圖形 VS 圖表結合 T值
B9 社會貢獻	-0.431**	(-2.519)	-0.600***	(-3.702)	-0.708***	(-4.102)	-0.169	(-1.091)	-0.277*	(-1.668)	-0.108	(-0.687)
B10 採購政策	-0.400**	(-2.337)	-0.585***	(-3.431)	-0.831***	(-5.070)	-0.185	(-1.110)	-0.431***	(-2.697)	-0.246	(-1.550)
B11 污染識別	-0.323*	(-1.787)	-0.738***	(-4.165)	-0.462**	(-2.436)	-0.415***	(-2.806)	-0.138	(-0.852)	0.277*	(1.746)
B12 污染控制	-0.538***	(-3.009)	-0.516***	(-2.884)	-0.707***	(-3.799)	0.023	(0.140)	-0.169	(-1.000)	-0.192	(-1.135)
B13 能源來源	-0.591***	(-3.463)	-0.914***	(-5.392)	-0.991***	(-5.759)	-0.323*	(-1.856)	-0.400**	(-2.266)	-0.077	(-0.438)
B14 節約用水	-0.492***	(-2.743)	-0.615***	(-3.256)	-1.200***	(-6.589)	-0.123	(-0.776)	-0.708***	(-4.708)	-0.585***	(-3.619)
B15 溫室氣體	-0.138	(-0.777)	-0.631***	(-3.508)	-1.061***	(-5.884)	-0.492***	(-3.082)	-0.922***	(-5.766)	-0.430***	(-2.660)
B16 環保投資	-0.262	(-1.402)	-0.769***	(-4.494)	-1.200***	(-6.597)	-0.508***	(-3.264)	-0.938***	(-5.611)	-0.431***	(-2.874)
B17 防腐政策	-0.477***	(-2.603)	-0.508***	(-2.844)	-1.031***	(-5.661)	-0.031	(-0.194)	-0.554***	(-3.399)	-0.523***	(-3.318)
B18 技術創新	-0.369**	(-2.077)	-0.415**	(-2.374)	-1.108***	(-6.099)	-0.046	(-0.262)	-0.738***	(-4.044)	-0.692***	(-3.848)
B19 客戶滿意度	-0.231	(-1.312)	-0.692***	(-3.891)	-0.969***	(-5.537)	-0.462***	(-2.883)	-0.738***	(-4.707)	-0.277*	(-1.739)
B20 客戶的投訴	-0.323*	(-1.728)	-0.615***	(-3.432)	-1.108***	(-6.618)	-0.292	(-1.646)	-0.785***	(-4.738)	-0.492***	(-3.138)

第六章　企業社會責任報告決策價值問卷實證分析

表6-16（續2） 呈報形式差異下訊息公共關係價值的均值T檢驗結果（社會責任認識水平低）

變數	文字 vs 表格 均值差	T值	文字 vs 圖形 均值差	T值	文字 vs 圖表結合 均值差	T值	表格 vs 圖形 均值差	T值	表格 vs 圖表結合 均值差	T值	圖形 vs 圖表結合 均值差	T值
B1-B20:合計	-0.449***	(-5.633)	-0.673***	(-8.469)	-0.981***	(-11.841)	-0.224***	(-3.277)	-0.531***	(-7.359)	-0.307***	(-4.272)
B1-B5:員工相關訊息	-0.464***	(-3.789)	-0.515***	(-4.165)	-0.888***	(-7.088)	-0.051	(-0.443)	-0.424***	(-3.619)	-0.373***	(-3.150)
B6-B7:安全生產訊息	-0.269*	(-1.824)	-0.626***	(-4.310)	-0.692***	(-4.814)	-0.357***	(-2.713)	-0.423***	(-3.255)	-0.066	(-0.518)
B8-B10:社會影響訊息	-0.322***	(-2.580)	-0.485***	(-3.802)	-0.853***	(-6.845)	-0.163	(-1.431)	-0.531***	(-4.804)	-0.368***	(-3.240)
B11-B16:環境相關訊息	-0.498***	(-4.183)	-0.824***	(-6.885)	-1.068***	(-8.210)	-0.326***	(-3.200)	-0.570***	(-5.002)	-0.244**	(-2.127)
B17-B20:公司營運訊息	-0.549***	(-4.452)	-0.818***	(-6.908)	-1.213***	(-9.720)	-0.269**	(-2.490)	-0.665***	(-5.774)	-0.396***	(-3.598)
B1 勞動合同	-0.462***	(-2.651)	-0.330*	(-1.918)	-0.473***	(-2.727)	0.132	(0.764)	-0.011	(-0.063)	-0.143	(-0.832)
B2 員工培訓	-0.714***	(-4.639)	-0.615***	(-3.533)	-0.824***	(-4.896)	0.099	(0.641)	-0.110	(-0.743)	-0.209	(-1.237)
B3 員工健康	-0.462**	(-2.512)	-0.473**	(-2.509)	-0.890***	(-5.031)	-0.011	(-0.061)	-0.429**	(-2.564)	-0.418**	(-2.425)
B4 員工薪酬	-0.352**	(-2.164)	-0.720***	(-4.348)	-1.198***	(-7.362)	-0.368**	(-2.479)	-0.846***	(-5.813)	-0.478***	(-3.210)
B5 員工關愛	-0.330**	(-2.162)	-0.440***	(-2.792)	-1.055***	(-6.757)	-0.110	(-0.768)	-0.725***	(-5.120)	-0.615***	(-4.188)
B6 安全生產	-0.308*	(-1.867)	-0.560***	(-3.462)	-1.011***	(-6.128)	-0.253*	(-1.738)	-0.703***	(-4.724)	-0.451***	(-3.095)
B7 安全績效	-0.231	(-1.391)	-0.692***	(-3.966)	-0.374**	(-2.294)	-0.462***	(-2.854)	-0.143	(-0.959)	0.319**	(2.010)
B8 公益捐贈	-0.198	(-1.240)	-0.385**	(-2.327)	-0.703***	(-4.658)	-0.187	(-1.189)	-0.505***	(-3.559)	-0.319**	(-2.146)

續表6-16(續3)

變量	文字 VS 表格 均值差	文字 VS 表格 T值	文字 VS 圖形 均值差	文字 VS 圖形 T值	文字 VS 圖表結合 均值差	文字 VS 圖表結合 T值	表格 VS 圖形 均值差	表格 VS 圖形 T值	表格 VS 圖表結合 均值差	表格 VS 圖表結合 T值	圖形 VS 圖表結合 均值差	圖形 VS 圖表結合 T值
B9 社會貢獻	-0.176	(-1.144)	-0.500***	(-3.284)	-0.802***	(-5.217)	-0.325**	(-2.143)	-0.626***	(-4.097)	-0.302**	(-1.990)
B10 採購政策	-0.600***	(-3.809)	-0.562***	(-3.484)	-1.056***	(-6.643)	0.038	(0.258)	-0.456***	(-3.142)	-0.495***	(-3.310)
B11 污染識別	-0.582***	(-3.509)	-1.000***	(-6.132)	-0.945***	(-5.331)	-0.418***	(-2.868)	-0.363**	(-2.248)	0.055	(0.347)
B12 污染控制	-0.407***	(-2.668)	-0.714***	(-4.444)	-0.989***	(-6.006)	-0.308**	(-2.158)	-0.582***	(-3.962)	-0.275*	(-1.765)
B13 能源來源	-0.867***	(-5.949)	-1.072***	(-6.771)	-1.138***	(-6.552)	-0.205	(-1.517)	-0.271*	(-1.772)	-0.066	(-0.400)
B14 節約用水	-0.451***	(-2.916)	-0.648***	(-4.116)	-1.099***	(-6.764)	-0.198	(-1.384)	-0.648***	(-4.369)	-0.451***	(-2.973)
B15 溫室氣體	-0.429***	(-2.770)	-0.813***	(-4.988)	-1.242***	(-7.415)	-0.385***	(-2.544)	-0.813***	(-5.215)	-0.429**	(-2.610)
B16 環保投資	-0.232	(-1.405)	-0.671***	(-4.312)	-0.968***	(-5.921)	-0.440***	(-3.138)	-0.736***	(-4.955)	-0.297**	(-2.145)
B17 防腐政策	-0.531***	(-3.244)	-0.685***	(-4.418)	-1.245***	(-7.680)	-0.154	(-1.024)	-0.714***	(-4.535)	-0.560***	(-3.771)
B18 技術創新	-0.548***	(-3.434)	-0.735***	(-4.737)	-1.207***	(-7.869)	-0.187	(-1.232)	-0.659***	(-4.397)	-0.473***	(-3.251)
B19 客戶滿意度	-0.597***	(-3.747)	-1.004***	(-6.385)	-1.234***	(-7.557)	-0.407***	(-2.929)	-0.637***	(-4.376)	-0.231	(-1.610)
B20 客戶的投訴	-0.484***	(-3.144)	-0.813***	(-5.358)	-1.132***	(-7.531)	-0.330**	(-2.403)	-0.648***	(-4.784)	-0.319**	(-2.391)

表6-17 呈報形式差異下公共關係價值的方差分析結果

變量	社會責任知識水平高							社會責任知識水平低					
	df	均值平方	F	顯著性	R^2	Adj R^2		df	均值平方	F	顯著性	R^2	Adj R^2
B1–B20:合計	3	8.481	39.188	0.000	0.32	0.312		3	14.537	55.530	0.000	0.322	0.317
B1–B5:員工相關訊息	3	8.024	15.787	0.000	0.159	0.149		3	10.841	16.294	0.000	0.123	0.115
B6–B7:安全生產訊息	3	5.628	7.222	0.000	0.08	0.069		3	9.649	11.064	0.000	0.087	0.079
B8–B10:社會影響訊息	3	6.573	11.031	0.000	0.117	0.106		3	10.785	16.334	0.000	0.123	0.115
B11–B16:環境相關訊息	3	10.004	18.920	0.000	0.185	0.175		3	18.091	29.843	0.000	0.204	0.197
B17–B20:公司營運訊息	3	11.686	19.575	0.000	0.19	0.181		3	22.353	37.076	0.000	0.241	0.235
B1 勞動合同	3	3.713	3.538	0.015	0.041	0.029		3	3.313	2.475	0.061	0.021	0.012
B2 員工培訓	3	9.512	8.889	0.000	0.096	0.086		3	10.405	8.651	0.000	0.069	0.061
B3 員工健康	3	13.308	13.819	0.000	0.142	0.132		3	10.760	7.426	0.000	0.06	0.052
B4 員工薪酬	3	10.385	10.575	0.000	0.113	0.102		3	23.216	20.805	0.000	0.151	0.144
B5 員工關愛	3	7.493	7.576	0.000	0.083	0.072		3	17.131	16.773	0.000	0.126	0.118
B6 安全生產	3	10.430	10.234	0.000	0.109	0.099		3	16.687	14.994	0.000	0.114	0.106
B7 安全績效	3	5.614	4.918	0.002	0.056	0.044		3	7.844	6.502	0.000	0.053	0.045

表6-17(續)

變量	社會責任知識水平高							社會責任知識水平低					
	df	均值平方	F	顯著性	R^2	Adj R^2	df	均值平方	F	顯著性	R^2	Adj R^2
B8 公益捐贈	3	6.708	6.671	0.000	0.074	0.063	3	7.610	6.965	0.000	0.056	0.048
B9 社會貢獻	3	5.788	6.578	0.000	0.073	0.062	3	11.033	10.297	0.000	0.081	0.073
B10 採購政策	3	7.530	8.455	0.000	0.092	0.081	3	15.900	14.677	0.000	0.112	0.104
B11 污染識別	3	5.936	6.297	0.000	0.07	0.059	3	17.151	14.475	0.000	0.11	0.103
B12 污染控制	3	5.605	5.693	0.001	0.064	0.053	3	15.680	14.710	0.000	0.112	0.104
B13 能源來源	3	12.297	12.799	0.000	0.133	0.123	3	22.680	20.969	0.000	0.152	0.145
B14 節約用水	3	15.989	16.886	0.000	0.168	0.159	3	16.882	16.126	0.000	0.121	0.114
B15 溫室氣體	3	14.430	15.609	0.000	0.158	0.148	3	25.308	22.133	0.000	0.159	0.152
B16 環保投資	3	17.218	18.350	0.000	0.18	0.171	3	17.303	16.329	0.000	0.123	0.115
B17 防腐政策	3	10.341	11.137	0.000	0.118	0.107	3	22.502	20.473	0.000	0.149	0.142
B18 技術創新	3	12.589	12.197	0.000	0.128	0.117	3	22.520	21.630	0.000	0.156	0.149
B19 客戶滿意度	3	11.748	12.844	0.000	0.134	0.123	3	25.633	25.266	0.000	0.178	0.171
B20 客戶的投訴	3	13.667	13.980	0.000	0.144	0.133	3	20.278	22.071	0.000	0.159	0.152

表6-18 基於呈報形式的公共關係價值方差分析多重比較結果

因變量	檢驗方法	(I) Form	(J) Form	社會責任知識水平高 均值差(I-J)	顯著性	社會責任知識水平低 均值差(I-J)	顯著性
員工相關訊息 (B1-B5)	LSD	文字	表格	-0.353,6*	0.006	-0.429,3*	0.001
		文字	圖形	-0.442,2*	0.001	-0.483,2*	0.000
		文字	圖表結合	-0.867,5*	0.000	-0.858,4*	0.000
		表格	圖形	-0.089	0.483	-0.054	0.659
		表格	圖表結合	-0.513,9*	0.000	-0.429,1*	0.000
		圖形	圖表結合	-0.425,3*	0.001	-0.375,1*	0.002
安全生產訊息 (B6-B7)	LSD	文字	表格	-0.006	0.968	-0.268	0.059
		文字	圖形	-0.470*	0.003	-0.644*	0.000
		文字	圖表結合	-0.559*	0.000	-0.706*	0.000
		表格	圖形	-0.464*	0.003	-0.376*	0.008
		表格	圖表結合	-0.553*	0.000	-0.438*	0.002
		圖形	圖表結合	-0.089	0.572	-0.062	0.657
社會影響訊息 (B8-B10)	LSD	文字	表格	-0.421*	0.002	-0.310*	0.012
		文字	圖形	-0.538*	0.000	-0.464*	0.000
		文字	圖表結合	-0.773*	0.000	-0.841*	0.000
		表格	圖形	-0.117	0.392	-0.154	0.208
		表格	圖表結合	-0.352*	0.010	-0.531*	0.000
		圖形	圖表結合	-0.235	0.088	-0.378*	0.002
環境相關訊息 (B11-B16)	LSD	文字	表格	-0.390*	0.003	-0.487*	0.000
		文字	圖形	-0.684*	0.000	-0.805*	0.000
		文字	圖表結合	-0.925*	0.000	-1.054*	0.000
		表格	圖形	-0.294*	0.023	-0.318*	0.007
		表格	圖表結合	-0.536*	0.000	-0.568*	0.000
		圖形	圖表結合	-0.241	0.063	-0.250*	0.032
公司營運訊息 (B17-B20)	LSD	文字	表格	-0.340,2*	0.014	-0.548*	0.000
		文字	圖形	-0.553,5*	0.000	-0.801*	0.000
		文字	圖表結合	-1.027,2*	0.000	-1.207*	0.000
		表格	圖形	-0.213	0.120	-0.253*	0.031
		表格	圖表結合	-0.687,0*	0.000	-0.658*	0.000
		圖形	圖表結合	-0.473,7*	0.001	-0.406*	0.001

表6-18(續)

因變量	檢驗方法	(I)Form	(J)Form	社會責任知識水平高 均值差(I-J)	顯著性	社會責任知識水平低 均值差(I-J)	顯著性
合計 (B1-B20)	LSD	文字	表格	-0.337*	0.000	-0.436*	0.000
		文字	圖形	-0.554*	0.000	-0.656*	0.000
		文字	圖表結合	-0.872*	0.000	-0.969*	0.000
		表格	圖形	-0.217*	0.009	-0.220*	0.004
		表格	圖表結合	-0.535*	0.000	-0.533*	0.000
		圖形	圖表結合	-0.317*	0.000	-0.313*	0.000

註：* 表示在0.05水平下顯著。

二、企業社會責任報告公共關係價值與決策價值差異分析

由表6-19可見，按照決策價值排序，我們基本可以看到信息公共關係價值和決策價值按從高到低排序基本一致，呈以下順序：安全生產信息、社會影響信息、員工相關信息、環境相關信息、公司營運信息。安全生產信息的價值最高，是由於近幾年發生的幾起重大安全生產事故，對企業生產經營甚至某一地區的經濟環境產生了重大影響，使信息使用者提高了對安全生產的認識，認為相關信息是重要的；公司營運信息的價值最低，是由於這一維度披露的信息較為主觀，也難以與同類企業對比，比如防腐政策及做法這一信息其效果難以評價和估計，客戶滿意度調查和客戶投訴情況則往往表現過於良好（客戶滿意度常在90%以上），可信度受到懷疑。

對比信息公共關係價值和決策價值大小，由圖6-3可見，除B13、B18和B7三項外，其他各項社會責任信息的公共關係價值均大於其決策價值。由表6-20、表6-21可見，B1、B3、B8和B17四項與員工相關信息和社會影響信息兩個維度中社會責任信息的公共關係價值顯著大於其決策價值。

表 6-19　按訊息決策價值與公共關係價值排序結果

公共關係價值		訊息決策價值	
b7	4.54	b7	4.56
b11	4.52	b6	4.47
b3	4.52	b11	4.46
b6	4.50	b4	4.46
b20	4.50	b10	4.45
b1	4.50	b20	4.42
b10	4.49	b3	4.40
b4	4.49	b9	4.40
b9	4.46	b18	4.40
b8	4.46	b5	4.38
b5	4.44	b12	4.38
b12	4.43	b19	4.37
b19	4.40	b1	4.35
b16	4.40	b16	4.34
b2	4.34	b14	4.30
b14	4.32	b13	4.30
b18	4.31	b8	4.29
b17	4.29	b2	4.25
b15	4.29	b15	4.23
b13	4.22	b17	4.17

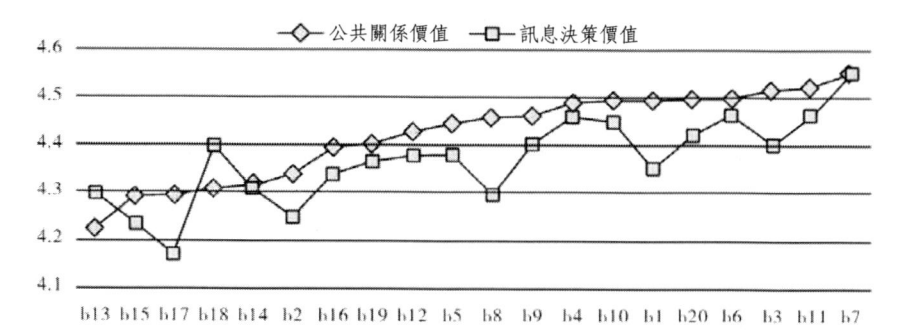

圖 6-3　社會責任訊息公共關係價值與決策價值比較

表 6-20 社會責任訊息公共關係價值與決策價值差異比較的均值 T 檢驗結果

變量	全樣本 均值差	全樣本 T值	文字 均值差	文字 T值	表格 均值差	表格 T值	圖形 均值差	圖形 T值	圖表結合 均值差	圖表結合 T值	社會責任知識水平低 均值差	社會責任知識水平低 T值	社會責任知識水平高 均值差	社會責任知識水平高 T值
B1–B20:合計	-0.051	-1.53	-0.026	-0.39	-0.0183	-0.36	-0.088*	-1.77	-0.073	-1.34	-0.059	-1.279	-0.041	-0.85
B1–B5:員工相關訊息	-0.088*	-1.84	-0.064	-0.65	-0.068	-0.80	-0.069	-0.81	-0.151*	-1.69	-0.124*	-1.91	-0.038	-0.55
B6–B7:安全生產訊息	-0.010	-0.19	-0.038	-0.32	0.042	0.40	-0.199**	-2.09	0.154	1.62	-0.021	-0.28	0.004	0.05
B8–B10:社會影響訊息	-0.089*	-1.85	-0.036	-0.36	-0.011	-0.13	-0.155*	-1.75	-0.154*	-1.73	-0.136**	-2.15	-0.023	-0.32
B11–B16:環境相關訊息	-0.027	-0.57	-0.023	-0.23	0.007	0.10	-0.062	-0.84	-0.031	-0.35	-0.001	-0.01	-0.064	-0.92
B17–B20:公司營運訊息	-0.034	-0.69	0.030	0.29	-0.030	-0.36	-0.048	-0.61	-0.090	-1.02	-0.026	-0.39	-0.046	-0.62
B1 勞動合同	-0.144**	-2.25	-0.155	-1.16	-0.109	-0.87	-0.154	-1.25	-0.158	-1.29	-0.214**	-2.45	-0.044	-0.48
B2 員工培訓	-0.088	-1.41	-0.013	-0.10	-0.090	-0.84	-0.154	-1.23	-0.096	-0.78	-0.104	-1.26	-0.065	-0.69
B3 員工健康	-0.114*	-1.71	-0.173	-1.23	-0.051	-0.42	-0.064	-0.51	-0.167	-1.40	-0.151	-1.64	-0.062	-0.67
B4 員工薪酬	-0.029	-0.46	0.026	0.20	-0.058	-0.50	0.031	0.27	-0.115	-1.04	-0.040	-0.47	-0.014	-0.15
B5 員工關愛	-0.066	-1.08	-0.006	-0.05	-0.032	-0.30	-0.006	-0.06	-0.218*	-1.86	-0.110	-1.34	-0.004	-0.04
B6 安全生產	-0.032	-0.53	-0.026	-0.19	0.013	0.11	-0.051	-0.47	-0.064	-0.61	-0.049	-0.60	-0.008	-0.08
B7 安全績效	0.011	0.18	-0.051	-0.38	0.071	0.58	-0.346***	-2.94	0.372***	3.23	0.008	0.10	0.015	0.16
B8 公益捐贈	-0.162***	-2.72	-0.128	-1.04	-0.038	-0.35	-0.282**	-2.33	-0.199*	-1.80	-0.195**	-2.50	-0.115	-1.26

表6-20（续）

变量	全样本 均值差	全样本 T值	文字 均值差	文字 T值	表格 均值差	表格 T值	图形 均值差	图形 T值	图表结合 均值差	图表结合 T值	社会责任知识水平低 均值差	社会责任知识水平低 T值	社会责任知识水平高 均值差	社会责任知识水平高 T值
B9 社会贡献	-0.058	-1.00	0.013	0.11	0.026	0.23	-0.132	-1.19	-0.141	-1.20	-0.128	-1.60	0.038	0.45
B10 采购政策	-0.045	-0.75	0.006	0.05	-0.019	-0.17	-0.045	-0.40	-0.122	-1.08	-0.084	-1.03	0.010	0.11
B11 污染识别	-0.058	-0.93	-0.103	-0.76	-0.045	-0.43	-0.096	-0.93	0.013	0.10	-0.008	-0.10	-0.127	-1.43
B12 污染控制	-0.050	-0.86	-0.058	-0.48	-0.006	-0.06	-0.045	-0.43	-0.090	-0.77	0.000	0.00	-0.120	-1.40
B13 能源来源	0.074	1.20	0.136	1.11	0.026	0.26	0.019	0.18	0.115	0.93	0.064	0.76	0.089	0.98
B14 节约用水	-0.016	-0.27	0.019	0.15	0.013	0.13	-0.038	-0.36	-0.058	-0.54	0.005	0.07	-0.046	-0.51
B15 温室气体	-0.055	-0.87	-0.032	-0.26	0.051	0.49	-0.115	-1.00	-0.123	-1.03	-0.011	-0.13	-0.116	-1.28
B16 环保投资	-0.058	-0.97	-0.103	-0.80	0.006	0.06	-0.090	-0.96	-0.045	-0.43	-0.055	-0.69	-0.062	-0.69
B17 防腐政策	-0.123**	-1.99	-0.093	-0.74	-0.141	-1.27	-0.077	-0.69	-0.186	-1.62	-0.135	-1.59	-0.107	-1.19
B18 技术创新	0.091	1.51	0.209*	1.72	0.058	0.52	0.141	1.33	-0.045	-0.39	0.105	1.31	0.070	0.77
B19 客户满意度	-0.029	-0.48	-0.000	0.00	-0.000	0.00	-0.090	-0.89	-0.026	-0.24	-0.019	-0.23	-0.042	-0.48
B20 客户的投诉	-0.072	-1.21	0.019	0.15	-0.038	-0.34	-0.167	-1.57	-0.103	-1.03	-0.055	-0.69	-0.096	-1.06

表 6-21　社會責任訊息公共關係價值與決策價值差異比較的方差分析結果

變量	全樣本 F值	全樣本 顯著性	文字 F值	文字 顯著性	表格 F值	表格 顯著性	圖形 F值	圖形 顯著性	圖表結合 F值	圖表結合 顯著性	社會責任知識水平低 F值	社會責任知識水平低 顯著性	社會責任知識水平高 F值	社會責任知識水平高 顯著性
B1-B20:合計	2.026	0.155	0.108	0.743	0.124	0.725	2.657	0.104	1.819	0.178	1.656	0.199	0.419	0.518
B1-B5:員工相關訊息	3.266*	0.071	0.355	0.552	0.643	0.423	0.673	0.413	2.816*	0.094	3.770*	0.053	0.187	0.666
B6-B7:安全生產訊息	0.027	0.869	0.069	0.793	0.164	0.686	4.524**	0.034	2.528	0.113	0.089	0.766	0.016	0.899
B8-B10:社會影響訊息	3.297*	0.070	0.103	0.749	0.031	0.860	2.828*	0.094	2.985*	0.085	4.569*	0.033	0.066	0.798
B11-B16:環境相關訊息	0.179	0.672	0.040	0.841	0.021	0.885	0.406	0.524	0.126	0.723	0.000	0.985	0.509	0.476
B17-B20:公司營運訊息	0.373	0.542	0.120	0.730	0.131	0.717	0.240	0.624	1.062	0.304	0.163	0.686	0.227	0.634
B1 勞動合同	5.163**	0.023	1.002	0.318	0.857	0.355	1.923	0.167	1.715	0.191	6.626***	0.010	0.130	0.718
B2 員工培訓	1.854	0.174	0.004	0.952	0.714	0.399	1.284	0.258	0.699	0.404	1.605	0.206	0.355	0.552
B3 員工健康	2.692	0.101	1.279	0.259	0.178	0.673	0.295	0.587	1.823	0.178	2.661	0.103	0.280	0.597
B4 員工薪酬	0.150	0.699	0.064	0.801	0.202	0.654	0.058	0.810	0.965	0.327	0.187	0.665	0.003	0.954
B5 員工關愛	1.301	0.254	0.064	0.800	0.089	0.765	0.002	0.962	3.475*	0.063	1.917	0.167	0.004	0.950
B6 安全生產	0.281	0.596	0.038	0.846	0.013	0.910	0.258	0.612	0.371	0.543	0.381	0.537	0.004	0.951
B7 安全績效	0.052	0.819	0.078	0.780	0.339	0.561	8.838***	0.003	10.079	0.002	0.008	0.930	0.074	0.785
B8 公益捐贈	7.047***	0.008	0.813	0.368	0.172	0.678	5.009**	0.026	3.461*	0.064	6.003**	0.015	1.453	0.229

第六章　企業社會責任報告決策價值問卷實證分析 | 135

表6-21（續）

變量	全樣本 F值	全樣本 顯著性	文字 F值	文字 顯著性	表格 F值	表格 顯著性	圖形 F值	圖形 顯著性	圖表結合 F值	圖表結合 顯著性	社會責任知識水平低 F值	社會責任知識水平低 顯著性	社會責任知識水平高 F值	社會責任知識水平高 顯著性
B9 社會貢獻	0.877	0.349	0.030	0.863	0.054	0.816	1.317	0.252	1.449	0.230	2.372	0.124	0.232	0.630
B10 採購政策	0.649	0.420	0.003	0.957	0.055	0.815	0.185	0.667	1.049	0.306	1.276	0.259	0.026	0.873
B11 污染識別	0.670	0.413	0.707	0.401	0.135	0.714	0.519	0.472	0.011	0.916	0.014	0.906	1.460	0.228
B12 污染控制	0.608	0.436	0.151	0.698	0.004	0.949	0.169	0.681	0.596	0.441	0.001	0.979	1.713	0.191
B13 能源來源	1.878	0.171	1.510	0.220	0.107	0.743	0.070	0.792	0.869	0.352	0.606	0.437	1.523	0.218
B14 節約用水	0.024	0.876	0.021	0.886	0.018	0.894	0.017	0.897	0.298	0.585	0.001	0.969	0.083	0.773
B15 溫室氣體	0.636	0.425	0.083	0.773	0.237	0.627	0.732	0.393	1.061	0.304	0.003	0.955	1.533	0.216
B16 環保投資	0.655	0.418	0.510	0.476	0.014	0.905	0.651	0.420	0.186	0.666	0.350	0.555	0.305	0.581
B17 防腐政策	3.772"	0.052	0.562	0.454	1.664	0.198	0.281	0.597	2.636	0.105	2.591	0.108	1.187	0.276
B18 技術創新	2.238	0.135	2.999*	0.084	0.281	0.596	1.625	0.203	0.157	0.692	1.834	0.176	0.488	0.485
B19 客戶滿意度	0.160	0.689	0.000	0.991	0.004	0.951	0.491	0.484	0.057	0.811	0.076	0.783	0.088	0.767
B20 客戶的投訴	1.264	0.261	0.045	0.833	0.085	0.771	2.259	0.134	1.072	0.301	0.529	0.467	0.788	0.375

進一步地，本書分樣本進行了均值 T 檢驗和方差分析，得出結果如下：

（1）從全樣本結果來看，雖然總體上看公共關係價值和決策價值之間沒有顯著差異（T 值 =－1.53；F 值 = 2.026），但在員工相關信息和社會影響信息兩個維度公共關係價值顯著大於決策價值（T 值 =－1.84 和－1.85；F 值 = 3.266 和 3.297）。

（2）社會責任信息為文字或表格呈報形式時，社會責任信息的公共關係價值與其決策價值差異不顯著。無論從總體層面還是維度層面，以文字或表格形式呈報的信息，其公共關係價值和決策價值之間均沒有顯著差異。

（3）社會責任信息為圖形呈報形式時，在安全生產信息和社會影響信息兩個維度，公共關係價值顯著大於決策價值（T 值 =－2.09 和－1.75；F 值 = 4.524 和 2.828）。

（4）社會責任信息為圖表結合呈報形式時，在員工相關信息和社會影響信息兩個維度，公共關係價值顯著大於決策價值（T 值 =－1.69 和－1.73；F 值 = 2.816 和 2.985）。

（5）樣本為社會責任知識水平高的信息使用者時，社會責任信息的公共關係價值與其決策價值沒有顯著差異，而樣本為社會責任知識水平低的信息使用者時，在員工相關信息和社會影響信息兩個維度中社會責任信息的公共關係價值顯著大於其決策價值（T 值 =－1.91 和－2.15；F 值 = 3.770 和 4.569）。

上述結果表明，公共關係價值在人們心目中具有「中庸」的特徵，信息使用者可能認為一項社會責任信息沒有決策價值，但其或多或少會存在一些公共關係價值（龔明曉，2007）。本書還進一步發現，一方面，相比於文字和表格，以圖形和圖表結合形式呈報的社會責任信息不僅提高了信息公共關係價值和決策價值，更拉大了同一信息公共關係價值和決策價值值的差異，說明使用圖形和圖表結合這樣更為生動的呈報形式能更好地改

善信息使用者對企業的感觀，使信息公共關係價值超過其決策價值；另一方面，在社會責任知識水平較低的樣本中，信息公共關係價值才顯著大於其決策價值，表明社會責任信息對不瞭解社會責任的廣大群體來說能改善他們對報告企業的感觀，且對他們來說此時信息的公關作用大於決策作用。

第四節　穩健性檢驗

一、穩健性檢驗之一

因為專家問卷的調查對象都是熟悉瞭解社會責任領域的學者，他們明白社會責任信息的價值所在，所以專家問卷打分的分值可以反應出社會責任信息的實際價值大小。為了進一步驗證本書的結論，筆者採用如下方法進行穩健性測試：以專家打分問卷的分值減去問卷對象打分分值的絕對值（Score_ABS）作為決策價值的替代變量，該分值越小表明對社會責任信息決策價值的判斷越準確，越接近信息的實際價值。因此，本研究以Score_ABS為因變量，Form和Know為自變量，Boy和Work為協變量，做穩健性檢驗。

由表6-22的描述性統計結果可見，信息使用者對文字、表格和圖形形式呈報的社會責任信息的決策價值判斷準確性依次增加，而對圖表結合形式決策價值的判斷準確性高於文字和表格形式，低於圖形形式，表明圖表結合形式可能使信息使用者高估社會責任信息的決策價值。社會責任知識水平高的信息使用者，對信息決策價值判斷的準確性高於社會責任知識水平低的信息使用者。

表 6-22　穩健性檢驗：描述性統計結果

變量	文字	表格	圖形	圖表結合	知識豐富	知識匱乏
B1-B20:總體	1.178	0.890	0.828	0.845	0.891	0.967
B1-B5:員工相關訊息	1.117	0.871	0.849	0.875	0.842	0.989
B6-B7:安全生產訊息	1.257	1.051	0.902	0.784	0.931	1.047
B8-B10:社會影響訊息	0.997	0.805	0.864	0.880	0.855	0.909
B11-B16:環境相關訊息	1.283	0.893	0.809	0.858	0.940	0.976
B17-B20:公司營運訊息	1.177	0.883	0.769	0.805	0.879	0.930
B1 勞動合同	1.110	0.916	0.895	0.873	0.881	0.997
B2 員工培訓	1.126	0.806	0.920	0.901	0.923	0.950
B3 員工健康	1.260	0.882	0.847	0.875	0.827	1.066
B4 員工薪酬	1.128	0.955	0.712	0.731	0.738	0.984
B5 員工關愛	0.961	0.795	0.869	0.995	0.841	0.950
B6 安全生產	1.453	1.215	1.033	0.786	1.031	1.187
B7 安全績效	1.061	0.887	0.771	0.782	0.830	0.907
B8 公益捐贈	1.037	0.805	0.924	0.832	0.900	0.899
B9 社會貢獻	0.944	0.784	0.832	0.897	0.804	0.907
B10 採購政策	1.012	0.826	0.837	0.913	0.863	0.920
B11 污染識別	1.594	1.101	0.876	1.000	1.163	1.128
B12 污染控制	1.420	0.956	0.876	0.870	1.044	1.021
B13 能源來源	1.007	0.697	0.806	1.011	0.838	0.910
B14 節約用水	1.248	0.789	0.775	0.732	0.864	0.901
B15 溫室氣體	1.112	0.861	0.861	0.890	0.884	0.965
B16 環保投資	1.308	0.949	0.657	0.646	0.847	0.920
B17 防腐政策	1.108	0.825	0.876	0.915	0.867	0.976
B18 技術創新	1.049	0.803	0.731	0.875	0.844	0.877
B19 客戶滿意度	1.382	1.008	0.715	0.729	0.913	0.990
B20 客戶的投訴	1.130	0.896	0.755	0.700	0.885	0.860

由表6-22和表6-23的方差分析結果可見，呈報形式影響信息決策價值判斷的準確性。在總體層次和維度層次，信息使用者對文字信息決策價值的判斷準確性顯著低於表格、圖形和圖表結合；安全生產信息維度，信息使用者對表格信息決策價值的判斷準確性顯著低於圖形和圖表結合，驗證了假設H1和H2。但信息使用者對圖形和圖表結合信息決策價值的判斷準確性沒有顯著差異，表明使用圖表結合的呈報形式，可能使信息使用者高估社會責任信息的決策價值，產生印象管理效果。

考慮信息使用者社會責任知識水平，在總體層次和員工、安全生產維度層次，社會責任知識水平高的信息使用者，對信息決策價值判斷的準確性顯著高於社會責任知識水平低的信息使用者，驗證了本書的假設H4。分樣本的方差分析結果表明，在社會影響維度，呈報形式對社會責任知識水平高的信息使用者影響不顯著（F值=1.798），而對社會責任知識水平低的信息使用者影響顯著（F值=3.105），在總體和維度層次，社會責任知識水平高組的F值也小於社會責任知識水平低組，部分驗證了假設H5、H6和H7。此外，在安全生產信息維度，文字和表格的呈報形式差異能影響社會責任知識水平低的信息使用者對信息決策價值判斷的準確性，但對社會責任知識水平高的信息使用者影響不顯著；在社會影響信息維度，文字和圖表結合的呈報形式差異能影響社會責任知識水平低的信息使用者對信息決策價值判斷的準確性，但對社會責任知識水平高的信息使用者影響不顯著。基於呈報形式公共關係價值的方差分析多重比較結果（1）如表6-24所示；呈報形式差異下公共關係價值的方差分析結果如表6-25所示；基於呈報形式的公共關係價值方差分析多重比較結果（2）如表6-26所示。

表 6-23　呈報形式與訊息使用者社會責任知識水平影響社會責任訊息公共關係價值的方差分析

變量	Form					Know					Know×Form					R^2	Adj R^2
	df	均方	F	顯著性		df	均方	F	顯著性		df	均方	F	顯著性			
B1–B20:合計	3	3.690	41.882***	0.000		1	0.941	10.684***	0.001		3	0.028	0.319	0.812		0.195	0.186
B1–B5:員工相關訊息	3	2.117	9.938***	0.000		1	3.271	15.352***	0.000		3	0.122	0.574	0.632		0.074	0.063
B6–B7:安全生產訊息	3	5.862	13.317***	0.000		1	2.338	5.312**	0.022		3	0.066	0.150	0.930		0.075	0.064
B8–B10:社會影響訊息	3	0.867	4.004***	0.008		1	0.448	2.068	0.151		3	0.134	0.618	0.604		0.027	0.016
B11–B16:環境相關訊息	3	7.238	33.276***	0.000		1	0.178	0.818	0.366		3	0.036	0.165	0.920		0.151	0.141
B17–B20:公司營運訊息	3	4.598	18.727***	0.000		1	0.478	1.945	0.164		3	0.121	0.491	0.689		0.096	0.085
B1 勞動合同	3	1.869	4.191***	0.006		1	2.004	4.494**	0.034		3	0.589	1.322	0.266		0.031	0.020
B2 員工培訓	3	2.189	5.936***	0.001		1	0.046	0.124	0.725		3	0.180	0.487	0.691		0.033	0.022
B3 員工健康	3	4.757	8.543***	0.000		1	9.621	17.280***	0.000		3	0.127	0.229	0.876		0.069	0.059
B4 員工薪酬	3	5.872	8.356***	0.000		1	8.003	11.388***	0.001		3	0.459	0.653	0.582		0.064	0.053
B5 員工關愛	3	1.247	3.621**	0.013		1	2.198	6.381**	0.012		3	0.719	2.088	0.101		0.036	0.025
B6 安全生產	3	11.548	17.347***	0.000		1	4.037	6.063**	0.014		3	0.134	0.201	0.895		0.093	0.083
B7 安全績效	3	2.382	4.435***	0.004		1	1.101	2.050	0.153		3	0.195	0.362	0.780		0.028	0.017

表6-23(續)

變量	Form df	Form 均方	Form F	Form 顯著性	Know df	Know 均方	Know F	Know 顯著性	Know×Form df	Know×Form 均方	Know×Form F	Know×Form 顯著性	R^2	Adj R^2
B8 公益捐贈	3	1.298	3.329***	0.019	1	0.013	0.033	0.855	3	0.197	0.506	0.678	0.021	0.009
B9 社會貢獻	3	0.868	2.383*	0.068	1	1.530	4.199**	0.041	3	0.326	0.896	0.443	0.023	0.011
B10 採購政策	3	0.905	2.554*	0.055	1	0.432	1.219	0.270	3	0.102	0.289	0.834	0.018	0.006
B11 污染識別	3	13.361	20.329***	0.000	1	0.099	0.151	0.698	3	0.380	0.578	0.630	0.101	0.090
B12 污染控制	3	9.543	16.938***	0.000	1	0.145	0.257	0.613	3	0.352	0.624	0.600	0.086	0.075
B13 能源來源	3	3.271	9.831***	0.000	1	0.922	2.773*	0.096	3	0.278	0.835	0.475	0.060	0.049
B14 節約用水	3	9.060	24.343***	0.000	1	0.181	0.487	0.486	3	0.217	0.583	0.627	0.110	0.099
B15 溫室氣體	3	3.281	7.502***	0.000	1	0.926	2.118	0.146	3	0.106	0.243	0.867	0.041	0.030
B16 環保投資	3	14.723	25.941***	0.000	1	0.771	1.358	0.244	3	0.325	0.573	0.633	0.126	0.116
B17 防腐政策	3	2.208	6.212***	0.000	1	2.010	5.656**	0.018	3	0.080	0.226	0.878	0.042	0.030
B18 技術創新	3	2.468	6.940***	0.000	1	0.296	0.833	0.362	3	0.111	0.313	0.816	0.040	0.029
B19 客戶滿意度	3	14.394	23.457***	0.000	1	1.164	1.898	0.169	3	0.445	0.725	0.537	0.116	0.106
B20 客戶的投訴	3	5.116	10.961***	0.000	1	0.076	0.164	0.686	3	0.384	0.823	0.481	0.056	0.045

註：*、**和***分別表示在10%、5%和1%的水平上顯著。

表 6-24　基於呈報形式公共關係價值的方差分析多重比較結果(1)

因變量	檢驗方法	(I)Form	(J)Form	均值差(I-J)	標準誤	顯著性
員工相關訊息 （B1-B5）	LSD	文字	表格	0.237*	0.053	0.000
		文字	圖形	0.259*	0.053	0.000
		文字	圖表結合	0.236*	0.053	0.000
		表格	圖形	0.022	0.053	0.681
		表格	圖表結合	-0.002	0.053	0.977
		圖形	圖表結合	-0.023	0.052	0.659
安全生產訊息 （B6-B7）	LSD	文字	表格	0.206*	0.077	0.007
		文字	圖形	0.359*	0.077	0.000
		文字	圖表結合	0.474*	0.077	0.000
		表格	圖形	0.153*	0.075	0.043
		表格	圖表結合	0.268*	0.075	0.000
		圖形	圖表結合	0.115	0.075	0.127
社會影響訊息 （B8-B10）	LSD	文字	表格	0.192*	0.054	0.000
		文字	圖形	0.130*	0.054	0.016
		文字	圖表結合	0.114*	0.054	0.035
		表格	圖形	-0.061	0.053	0.247
		表格	圖表結合	-0.078	0.053	0.142
		圖形	圖表結合	-0.017	0.053	0.754
環境相關訊息 （B11-B16）	LSD	文字	表格	0.400*	0.054	0.000
		文字	圖形	0.496*	0.054	0.000
		文字	圖表結合	0.450*	0.054	0.000
		表格	圖形	0.096	0.053	0.070
		表格	圖表結合	0.050	0.053	0.342
		圖形	圖表結合	-0.046	0.053	0.388
公司營運訊息 （B17-B20）	LSD	文字	表格	0.286*	0.057	0.000
		文字	圖形	0.403*	0.057	0.000
		文字	圖表結合	0.366*	0.057	0.000
		表格	圖形	0.117*	0.056	0.039
		表格	圖表結合	0.080	0.056	0.155
		圖形	圖表結合	-0.037	0.056	0.516
合計 （B1-B20）	LSD	文字	表格	0.287*	0.034	0.000
		文字	圖形	0.350*	0.034	0.000
		文字	圖表結合	0.332*	0.034	0.000
		表格	圖形	0.064	0.034	0.060
		表格	圖表結合	0.046	0.034	0.174
		圖形	圖表結合	-0.018	0.034	0.598

註：* 表示在 0.05 水平下顯著。

表 6-25 呈報形式差異下公共關係價值的方差分析結果

變量	社會責任知識水平高 df	均值平方	F	顯著性	R²	Adj R²	社會責任知識水平低 df	均值平方	F	顯著性	R²	Adj R²
B1-B20:合計	3	1.335	17.820***	0.000	0.177	0.167	3	2.617	26.882***	0.000	0.186	0.179
B1-B5:員工相關訊息	3	0.971	5.096***	0.002	0.058	0.047	3	1.338	5.847***	0.001	0.047	0.039
B6-B7:安全生產訊息	3	2.031	5.601***	0.001	0.063	0.052	3	4.311	8.714***	0.000	0.069	0.061
B8-B10:社會影響訊息	3	0.333	1.798	0.148	0.021	0.009	3	0.742	3.105**	0.027	0.026	0.017
B11-B16:環境相關訊息	3	2.725	13.209***	0.000	0.138	0.127	3	4.956	21.988***	0.000	0.157	0.150
B17-B20:公司營運訊息	3	1.658	7.759***	0.000	0.086	0.075	3	3.376	12.600***	0.000	0.097	0.089
B1 勞動合同	3	1.893	5.257***	0.002	0.060	0.048	3	0.269	0.532	0.660	0.005	0.000
B2 員工培訓	3	0.839	2.264*	0.082	0.027	0.015	3	1.672	4.554***	0.004	0.037	0.029
B3 員工健康	3	2.066	5.204***	0.002	0.059	0.048	3	2.989	4.468***	0.004	0.037	0.028
B4 員工薪酬	3	1.753	2.557*	0.056	0.030	0.018	3	5.179	7.244***	0.000	0.058	0.050
B5 員工關愛	3	1.277	4.751***	0.003	0.054	0.043	3	0.572	1.440	0.231	0.012	0.004
B6 安全生產	3	4.201	7.292***	0.000	0.081	0.070	3	8.190	11.239***	0.000	0.087	0.079
B7 安全績效	3	0.837	1.723	0.163	0.020	0.009	3	1.946	3.398**	0.018	0.028	0.020
B8 公益捐贈	3	0.429	1.183	0.317	0.014	0.002	3	1.205	2.948**	0.033	0.024	0.016

表6-25(續)

變量	社會責任知識水平高							社會責任知識水平低					
	df	均值平方	F	顯著性	R^2	Adj R^2	df	均值平方	F	顯著性	R^2	Adj R^2
B9 社會貢獻	3	0.607	2.011	0.113	0.024	0.012	3	0.582	1.425	0.235	0.012	0.004
B10 採購政策	3	0.209	0.727	0.537	0.009	0.000	3	0.929	2.311*	0.076	0.019	0.011
B11 污染識別	3	4.625	7.152***	0.000	0.080	0.068	3	10.129	15.237***	0.000	0.115	0.107
B12 污染控制	3	3.464	6.832***	0.000	0.076	0.065	3	7.096	11.765***	0.000	0.091	0.083
B13 能源來源	3	0.758	2.722*	0.045	0.032	0.020	3	3.203	8.641***	0.000	0.068	0.060
B14 節約用水	3	5.041	14.594***	0.000	0.150	0.140	3	4.059	10.382***	0.000	0.081	0.073
B15 溫室氣體	3	1.603	4.116***	0.007	0.047	0.036	3	1.823	3.872**	0.010	0.032	0.024
B16 環保投資	3	5.050	10.169***	0.000	0.110	0.099	3	11.098	17.976***	0.000	0.133	0.125
B17 防腐政策	3	0.878	2.877**	0.037	0.034	0.022	3	1.522	3.898**	0.009	0.032	0.024
B18 技術創新	3	0.689	1.883	0.133	0.022	0.010	3	2.157	6.194***	0.000	0.050	0.042
B19 客戶滿意度	3	5.295	10.241***	0.000	0.110	0.099	3	10.516	15.430***	0.000	0.116	0.108
B20 客戶的投訴	3	2.699	7.110***	0.000	0.079	0.068	3	2.835	5.370***	0.001	0.044	0.036

第六章　企業社會責任報告決策價值問卷實證分析 | 145

表 6-26　基於呈報形式的公共關係價值方差分析多重比較結果

因變量	檢驗方法	(I)Form	(J)Form	社會責任知識水平高 均值差(I-J)	顯著性	社會責任知識水平低 均值差(I-J)	顯著性
員工相關訊息 (B1-B5)	LSD	文字	表格	0.264*	0.001	0.214*	0.003
		文字	圖形	0.273*	0.001	0.248*	0.001
		文字	圖表結合	0.187*	0.019	0.269*	0.000
		表格	圖形	0.009	0.908	0.034	0.637
		表格	圖表結合	-0.077	0.318	0.055	0.444
		圖形	圖表結合	-0.086	0.267	0.021	0.769
安全生產訊息 (B6-B7)	LSD	文字	表格	0.159	0.143	0.235*	0.028
		文字	圖形	0.308*	0.005	0.393*	0.000
		文字	圖表結合	0.418*	0.000	0.512*	0.000
		表格	圖形	0.149	0.162	0.158	0.133
		表格	圖表結合	0.259*	0.015	0.276*	0.009
		圖形	圖表結合	0.110	0.301	0.119	0.256
社會影響訊息 (B8-B10)	LSD	文字	表格	0.154*	0.047	0.216*	0.004
		文字	圖形	0.130	0.095	0.129	0.079
		文字	圖表結合	0.040	0.610	0.165*	0.026
		表格	圖形	-0.024	0.751	-0.087	0.234
		表格	圖表結合	-0.115	0.132	-0.051	0.481
		圖形	圖表結合	-0.091	0.235	0.035	0.625
環境相關訊息 (B11-B16)	LSD	文字	表格	0.355*	0.000	0.431*	0.000
		文字	圖形	0.466*	0.000	0.516*	0.000
		文字	圖表結合	0.424*	0.000	0.468*	0.000
		表格	圖形	0.111	0.167	0.086	0.226
		表格	圖表結合	0.070	0.385	0.037	0.602
		圖形	圖表結合	-0.041	0.607	-0.049	0.487
公司營運訊息 (B17-B20)	LSD	文字	表格	0.217*	0.010	0.333*	0.000
		文字	圖形	0.345*	0.000	0.442*	0.000
		文字	圖表結合	0.355*	0.000	0.373*	0.000
		表格	圖形	0.129	0.115	0.108	0.161
		表格	圖表結合	0.138	0.091	0.040	0.607
		圖形	圖表結合	0.009	0.911	-0.069	0.371

表6-26(續)

因變量	檢驗方法	(I)Form	(J)Form	社會責任知識水平高		社會責任知識水平低	
				均值差(I-J)	顯著性	均值差(I-J)	顯著性
合計 (B1–B20)	LSD	文字	表格	0.255*	0.000	0.305*	0.000
		文字	圖形	0.327*	0.000	0.364*	0.000
		文字	圖表結合	0.293*	0.000	0.358*	0.000
		表格	圖形	0.073	0.134	0.059	0.208
		表格	圖表結合	0.038	0.432	0.053	0.259
		圖形	圖表結合	−0.035	0.476	−0.006	0.897

註：* 表示在0.05水平下顯著。

二、穩健性檢驗之二

為了剔除信息差異的影響，本書設計了三份信息完全一致的對比問卷，設計過程如下：

首先，將24項社會責任指標分為八組，為檢驗分組間是否有差異，筆者進行了分組間的差異T檢驗。檢驗結果表明，第一組、第二組和第三組的均值都為4.731，第一組和第二組之間的P值為0.829,1、第一組和第三組之間的P值為0.919,1，第二組和第三組之間的P值為0.754,1，均沒有顯著差異，因此，可以認為三組信息的價值是基本等值的。分組間差異T檢驗如表6-27所示。

表6-27　　　　　分組間差異T檢驗

	觀測值	均值	標準差	T值	P值
第一組	23	37.870	5.595	0.2171	0.8291
第二組	23	37.522	5.265		
第一組	23	37.870	5.595	−0.1022	0.9191
第三組	23	38.043	5.943		
第二組	23	37.522	5.265	−0.3152	0.7541
第三組	23	38.043	5.943		

然后，作者將三組指標分別賦予圖形、表格和圖表結合三種呈報形式，研究呈報形式是否會影響信息決策價值。因為根據專家問卷的結果，三組信息的決策價值是等價的，所以通過以不同呈報形式呈報，就可以衡量出呈報形式對信息決策價值的影響。這樣不僅可以進行同一份問卷中的比較，還可以進行不同問卷間的比較，各問卷的設計如表6-28所示。

表6-28　　　　　　　　問卷設計

呈報形式	問卷A	問卷B	問卷C
以表格形式呈報	第一組訊息	第二組訊息	第三組訊息
以圖形形式呈報	第二組訊息	第三組訊息	第一組訊息
以圖表結合呈報	第三組訊息	第一組訊息	第二組訊息

問卷對象為會計專業和金融數學專業的大三學生，筆者共發放105份問卷，將問卷配對後，共得到有效問卷數量72份，A、B、C卷各24份，問卷有效率68.57%。其中，女性59人占比81.94%，會計專業48人占比66.67%。

表6-29報告了均值T檢驗結果。首先，看表格與圖形形式的決策價值差異。全樣本中表格形式的決策價值顯著小於圖形形式，驗證了假設H1；區分社會責任知識水平后的結果則顯示，知識水平低的樣本中，表格形式的決策價值仍顯著小於圖形形式，而在知識水平高的樣本中則不顯著，與上文結論一致，驗證了假設H5。然后，看表格與圖表結合形式的決策價值差異。全樣本中表格形式的決策價值顯著小於圖表結合形式，驗證了假設H2；區分社會責任知識水平后的結果則顯示，知識水平低的樣本中，表格形式的決策價值仍顯著小於圖表結合形式，而在知識水平高的樣本中則不顯著，與上文結論一致，驗證了假設H6。最後，圖形形式與圖表結合形式的決策價值沒有顯著差異，在全樣本中圖表結合形式的決策價值均值僅比圖形大

0.003，差異非常微弱，與上文結論產生了差異。可能的原因在於，圖表結合形式中，圖形和表格兩部分的信息完全一致，導致信息使用者只會關注圖形信息，使得圖形與圖表結合形式的決策價值沒有顯著差異。

表 6-29　　以打分分值為因變量的均值 T 檢驗

社會責任知識水平（know）	呈報形式（form）		均值差異	T 值	P 值
	表格	圖形	表格-圖形		
全樣本（N=72,72）	4.490	4.743	-0.253	-2.392*	0.018
高（N=30,30）	4.400	4.608	-0.208	-1.021	0.312
低（N=42,42）	4.553	4.839	-0.286	-2.663*	0.009
	表格	圖表結合	表格-圖表結合		
全樣本（N=72,72）	4.490	4.746	-0.257	-2.373*	0.019
高（N=30,30）	4.400	4.683	-0.283	-1.454	0.151
低（N=42,42）	4.554	4.791	-0.238	-1.928*	0.057
	圖形	圖表結合	圖形-圖表結合		
全樣本（N=72,72）	4.743	4.746	-0.003	-0.030	0.976
高（N=30,30）	4.608	4.683	-0.075	-0.374	0.710
低（N=42,42）	4.839	4.791	0.048	0.409	0.684

註：***，**，*分別代表顯著性水平 1%，5%，10%。

本書將投資經驗（exp）、性別（boy）作為協變量進行協方差分析。因為協方差分析需要滿足斜率同質假設，所以本書先對斜率同質假設進行檢驗，即檢驗自變量與協變量之間是否存在交互作用，然后再進行協方差分析。由表 6-30 可見，交乘項 form * boy 和 form * exp 都不顯著（P 值為 0.962 和 0.893），表明自變量與協變量之間交互作用不顯著，滿足斜率同質假設可以進行協方差分析。

表 6-30　協方差分析中的斜率同質假設檢驗結果

變量	自由度	均方	F 值	P 值
form	2	0.177	0.456	0.635
boy	1	5.959	15.319***	0.000
exp	1	1.757	4.518**	0.035
form×boy	2	0.015	0.038	0.962
form×exp	2	0.044	0.113	0.893

註：***，**，*分別代表顯著性水平1%，5%，10%。

表 6-31 中的協方差分析結果顯示，在加入協變量進行控制後，呈報形式對社會責任信息決策價值的影響的主效應顯著（P值為0.018），表明呈報形式對信息決策價值有顯著影響。由表6-32 多重比較結果可見，表格與圖形、表格與圖表結合之間在信息決策價值上存在顯著性差異。而圖形與圖表結合之間沒有顯著差異的原因在於，圖表結合形式中，圖形和表格兩部分的信息完全一致，導致信息使用者只會關注圖形信息，使得圖形與圖表結合形式的決策價值沒有顯著差異。綜上所述，上文的結果支持了本書假設 H1 和 H2。

表 6-31　呈報形式與訊息決策價值的協方差分析結果

變量	自由度	均方	F 值	P 值
form	2	1.562	4.086**	0.018
exp	1	1.757	4.598**	0.033
boy	1	5.959	15.591***	0.000

註：***，**，*分別代表顯著性水平1%，5%，10%。

表 6-32　基於呈報形式的方差分析多重比較結果

因變量	檢驗方法	(I)Form	(J)Form	均值差(I-J)	標準誤差	顯著性
訊息決策價值	LSD	表格	圖形	-0.253*	0.103	0.015
		表格	圖表結合	-0.257*	0.103	0.013
		圖形	表格	0.253*	0.103	0.015
		圖形	圖表結合	-0.003	0.103	0.975
		圖表結合	表格	0.257*	0.103	0.013
		圖表結合	圖形	0.003	0.103	0.975

註：*表示在 0.05 水平下顯著。

進一步地，本書進行了分樣本方差分析。表 6-33 的結果表明，在社會責任知識水平高的群體中，呈報形式對信息決策價值的影響不顯著（p 值 = 0.225）；而在社會責任知識水平高的群體中，呈報形式對信息決策價值的影響顯著（p 值 = 0.002）。具體而言，表格和圖形、表格和圖表結合的呈報形式差異，在社會責任知識水平高的群體中對信息決策價值的影響不顯著，而在社會責任知識水平高的群體中顯著，驗證了假設 H5 和 H6。表 6-34 顯示了基於呈報形式的方差分析分樣本多重比較結果。

表 6-33　　　　　分樣本方差分析結果

樣本	變量	自由度	均方	F 值	P 值
Know = 1	form	2	0.647	1.519	0.225
	exp	1	1.530	3.594	0.061
	boy	1	12.161	28.567	0.000
Know = 0	form	2	2.230	6.714	0.002
	exp	1	0.671	2.019	0.157
	boy	1	1.623	4.888	0.029

註：***，**，*分別代表顯著性水平 1%，5%，10%。

表 6-34　基於呈報形式的方差分析分樣本多重比較結果

因變量	檢驗方法	(I)Form	(J)Form	社會責任知識水平高		社會責任知識水平低	
				均值差(I-J)	顯著性	均值差(I-J)	顯著性
訊息決策價值	LSD	表格	圖形	-0.208	0.300	-0.350*	0.002
		表格	圖表結合	-0.283	0.160	-0.302*	0.009
		圖形	表格	0.208	0.300	0.350*	0.002
		圖形	圖表結合	-0.075	0.709	0.048	0.707
		圖表結合	表格	0.283	0.160	0.302*	0.009
		圖表結合	圖形	0.075	0.709	-0.048	0.707

註：*表示在 0.05 水平下顯著。

三、穩健性檢驗之三

為了驗證信息使用者的學歷是否會與社會責任知識水平一樣，對呈報形式與社會責任信息決策價值之間的關係產生影響，本書按學歷將本科生劃分為低學歷樣本組，將研究生和博士生劃分為高學歷樣本組，進行分樣本方差分析。

從整體來看，呈報形式會影響信息決策價值，且在高學歷樣本組（F 值 = 31.692、11.763、12.811、6.477、20.064 和 14.641）和低學歷樣本組（F 值 = 47.903、14.838、10.334、13.148、27.923 和 25.548）中均顯著。具體來看，總體層次和社會影響信息維度層次，表格和圖表結合的呈報形式差異影響信息決策價值在高學歷樣本中不顯著，在低學歷樣本中顯著；環境相關信息維度層次，表格和圖形、圖形和圖表結合的呈報形式差異影響信息決策價值在高學歷樣本中不顯著，在低學歷樣本中顯著。這表明學歷能夠反應出信息使用者的知識水平，而知識水平在呈報形式影響信息決策價值中起到仲介作用，呈報形式對知識水平低的信息使用者比對知識水平高的信息使用者影響更大。呈報形式差異下公共關係價值的方差分析結果如表 6-35 所示；基於呈報形式的公共關係價值方差分析多重比較結果如表 6-36 所示。

表 6-35 呈報形式差異下公共關係價值的方差分析結果

變量	社會責任知識水平高							社會責任知識水平低					
	df	均值平方	F	顯著性	R²	Adj R²		df	均值平方	F	顯著性	R²	Adj R²
B1-B20:合計	3	7.844	31.692	0.000	0.241	0.233		3	12.486	47.903	0.000	0.348	0.341
B1-B5:員工相關訊息	3	7.360	11.763	0.000	0.105	0.096		3	10.413	14.838	0.000	0.142	0.132
B6-B7:安全生產訊息	3	9.145	12.811	0.000	0.114	0.105		3	10.445	10.334	0.000	0.103	0.093
B8-B10:社會影響訊息	3	4.189	6.477	0.000	0.061	0.051		3	9.553	13.148	0.000	0.128	0.118
B11-B16:環境相關訊息	3	10.853	20.064	0.000	0.167	0.159		3	14.365	27.923	0.000	0.237	0.229
B17-B20:公司營運訊息	3	8.035	14.641	0.000	0.128	0.119		3	16.843	25.548	0.000	0.222	0.213
B1 勞動合同	3	3.824	3.446	0.017	0.033	0.024		3	4.859	3.419	0.018	0.037	0.026
B2 員工培訓	3	7.976	7.182	0.000	0.067	0.058		3	10.442	9.371	0.000	0.095	0.085
B3 員工健康	3	11.163	8.960	0.000	0.082	0.073		3	18.347	13.995	0.000	0.135	0.125
B4 員工薪酬	3	9.222	9.611	0.000	0.088	0.079		3	21.657	18.282	0.000	0.169	0.160
B5 員工關愛	3	6.994	7.581	0.000	0.070	0.061		3	9.480	7.103	0.000	0.073	0.063
B6 安全生產	3	10.177	11.606	0.000	0.104	0.095		3	13.515	11.335	0.000	0.112	0.102
B7 安全績效	3	8.316	8.600	0.000	0.079	0.070		3	7.944	5.859	0.001	0.061	0.051
B8 公益捐贈	3	3.884	3.614	0.014	0.035	0.025		3	10.069	9.981	0.000	0.100	0.090

第六章 企業社會責任報告決策價值問卷實證分析 153

表6-35(續)

變量	社會責任知識水平高							社會責任知識水平低						
	df	均值平方	F	顯著性	R^2	Adj R^2		df	均值平方	F	顯著性	R^2	Adj R^2
B9 社會貢獻	3	2.820	2.629	0.050	0.026	0.016		3	9.335	8.670	0.000	0.088	0.078
B10 採購政策	3	7.089	7.377	0.000	0.069	0.059		3	10.250	8.456	0.000	0.086	0.076
B11 污染識別	3	13.952	13.981	0.000	0.123	0.114		3	9.665	8.574	0.000	0.087	0.077
B12 污染控制	3	7.376	8.602	0.000	0.079	0.070		3	9.239	10.272	0.000	0.103	0.093
B13 能源來源	3	12.277	12.288	0.000	0.109	0.101		3	15.567	15.908	0.000	0.151	0.141
B14 節約用水	3	13.241	16.979	0.000	0.145	0.137		3	15.317	16.366	0.000	0.154	0.145
B15 溫室氣體	3	11.490	10.889	0.000	0.098	0.089		3	19.771	20.450	0.000	0.186	0.177
B16 環保投資	3	10.640	11.604	0.000	0.104	0.095		3	24.289	30.925	0.000	0.256	0.248
B17 防腐政策	3	6.528	6.129	0.000	0.058	0.048		3	21.804	22.329	0.000	0.199	0.190
B18 技術創新	3	6.641	7.777	0.000	0.072	0.063		3	13.943	13.453	0.000	0.130	0.121
B19 客戶滿意度	3	14.825	16.687	0.000	0.143	0.134		3	16.657	17.752	0.000	0.165	0.156
B20 客戶的投訴	3	6.558	7.233	0.000	0.067	0.058		3	16.011	15.930	0.000	0.151	0.141

表 6-36　基於呈報形式的公共關係價值方差分析多重比較結果

因變量	檢驗方法	(I) Form	(J) Form	社會責任知識水平高 均值差(I-J)	顯著性	社會責任知識水平低 均值差(I-J)	顯著性
員工相關訊息（B1-B5）	LSD	文字	表格	-0.463*	0.000	-0.482*	0.001
		文字	圖形	-0.431*	0.001	-0.658*	0.000
		文字	圖表結合	-0.767*	0.000	-0.937*	0.000
		表格	圖形	0.031	0.807	-0.177	0.216
		表格	圖表結合	-0.305*	0.017	-0.455*	0.002
		圖形	圖表結合	-0.336*	0.008	-0.278	0.052
安全生產訊息（B6-B7）	LSD	文字	表格	-0.255	0.067	-0.336	0.054
		文字	圖形	-0.352*	0.012	-0.553*	0.002
		文字	圖表結合	-0.832*	0.000	-0.937*	0.000
		表格	圖形	-0.096	0.478	-0.217	0.205
		表格	圖表結合	-0.577*	0.000	-0.601*	0.001
		圖形	圖表結合	-0.481*	0.000	-0.384*	0.026
社會影響訊息（B8-B10）	LSD	文字	表格	-0.352*	0.008	-0.490*	0.001
		文字	圖形	-0.291*	0.028	-0.523*	0.000
		文字	圖表結合	-0.577*	0.000	-0.920*	0.000
		表格	圖形	0.061	0.636	-0.034	0.816
		表格	圖表結合	-0.225	0.082	-0.430*	0.003
		圖形	圖表結合	-0.286*	0.027	-0.396*	0.007
環境相關訊息（B11-B16）	LSD	文字	表格	-0.456*	0.000	-0.474*	0.000
		文字	圖形	-0.673*	0.000	-0.771*	0.000
		文字	圖表結合	-0.899*	0.000	-1.085*	0.000
		表格	圖形	-0.217	0.067	-0.297*	0.016
		表格	圖表結合	-0.443*	0.000	-0.611*	0.000
		圖形	圖表結合	-0.226	0.055	-0.314*	0.011
公司營運訊息（B17-B20）	LSD	文字	表格	-0.343*	0.005	-0.449*	0.001
		文字	圖形	-0.506*	0.000	-0.702*	0.000
		文字	圖表結合	-0.788*	0.000	-1.196*	0.000
		表格	圖形	-0.163	0.172	-0.254	0.068
		表格	圖表結合	-0.445*	0.000	-0.746*	0.000
		圖形	圖表結合	-0.282*	0.018	-0.493*	0.000

表6-36(續)

因變量	檢驗方法	(I)Form	(J)Form	社會責任知識水平高		社會責任知識水平低	
				均值差(I-J)	顯著性	均值差(I-J)	顯著性
合計 (B1-B20)	LSD	文字	表格	-0.399*	0.000	-0.460*	0.000
		文字	圖形	-0.490*	0.000	-0.670*	0.000
		文字	圖表結合	-0.789*	0.000	-1.031*	0.000
		表格	圖形	-0.090	0.259	-0.211*	0.016
		表格	圖表結合	-0.390*	0.000	-0.571*	0.000
		圖形	圖表結合	-0.299*	0.000	-0.360*	0.000

註：* 表示在 0.05 水平下顯著。

第五節　本章小結

　　本章首先對問卷數據進行描述性統計，企業社會責任報告四種呈報形式信息的決策價值呈現出「文字＜表格＜圖形＜圖表結合」的狀況，與本書前文所提出的假設相符。同時本書對變量進行了偏度（Skewness）、峰度（Kurtosis）和QQ圖綜合分析檢驗，來探究變量是否符合正態分佈。在此基礎上，本書首先進行了均值T檢驗。

　　其次，本書使用均值T檢驗比較了文字、表格、圖形和圖表結合四種呈報形式的社會責任信息決策價值差異，以及社會責任知識水平對社會責任信息決策價值的影響。全樣本均值T檢驗研究發現：①文字信息的決策價值小於表格、圖形和圖表結合信息；②表格信息的決策價值小於圖形；③表格和圖形信息的決策價值小於圖表結合；④社會責任信息對社會責任知識水平高的使用者的決策價值更高。同時分樣本均值T檢驗研究發現：①從總體來看，上文所證實的呈報形式造成的信息決策

價值差異在社會責任水平高和低的樣本中均顯著，只是社會責任知識水平較高樣本 T 值絕對值略低於社會責任知識水平較高樣本；②從維度來看，社會影響維度信息的圖形和圖表結合形式決策價值差異在社會責任知識水平較高樣本中不顯著，在社會責任知識水平較低樣本中顯著；③從題項來看，社會責任知識水平較高樣本中，呈報形式變化引起決策價值出現顯著差異的，表格與圖形對比有 4 項，表格與圖表結合對比有 14 項，圖形與圖表結合對比有 13 項；與之相比，社會責任知識水平較低樣本中，呈報形式變化引起決策價值出現顯著差異的，表格與圖形對比有 7 項，表格與圖表結合對比有 18 項，圖形與圖表結合對比有 16 項；④此外，無論從總體還是從維度來看，將文字的呈報形式替換為表格、圖形和圖表結合三種形式，對信息決策價值有顯著的提升作用，且在社會責任知識較高和較低的樣本中均是如此。

再次，本書以信息使用者對社會責任信息決策價值的評分（Score1）為因變量，以呈報形式（Form）和社會責任知識水平（Know）為自變量，進行了方差分析（ANOVA）。具體來說，樣本按呈報形式劃分為文字、表格、圖形和圖表結合四組，按社會責任知識水平劃分為社會責任知識豐富和社會責任知識匱乏兩組，考慮呈報形式（Form）與社會責任知識水平（Know）對信息使用者的社會責任信息決策價值判斷的影響，同時還考慮兩者的交互影響（Form×Know）。本書進行了未加入協變量的 ANOVA 分析和加入協變量 Boy 和 Work 的 ANOVA 分析，兩者除顯著性略有變化外，主要結論沒有發生重大變化。此外，事後多重比較結果中，無論從總體來看，還是分維度來看，文字形式信息與表格、圖形和圖表結合信息之間存在顯著差異。這表明將文字的信息呈報形式變更為表格、圖形或圖表結合，能夠

提高信息決策價值。

最后,本書從信息公共關係角度進行了拓展性研究,研究了呈報形式和個人認知能力對信息公共關係價值的影響,以及同一信息的決策價值和公共關係價值差異;最終通過穩健性檢驗對上述研究結論進行驗證。

第七章 結論與啟示

第一節 研究結論

　　關於企業社會責任信息價值的經驗研究還處於起步階段，本書並沒有直接套用資本市場財務會計信息決策價值研究的設計和方法，而是基於企業社會責任報告自決性和企業社會責任信息供需特徵，將企業社會責任信息價值區分為決策價值和公共關係價值；沒有沿襲傳統檔案研究的範式，而是綜合運用了實地研究、調查研究等更為適宜的研究方法，系統而深入地探析呈報格式、使用者認知對企業社會責任信息決策價值和公共關係價值的影響機理。具體而言，本書研究了表格、圖形、圖表結合三種呈報格式對認知水平有差異的信息使用者判斷社會責任信息決策價值和公共關係價值是否有影響。本書證實了社會責任信息的呈報格式和信息使用者認知水平均會對信息決策價值和公共關係價值產生影響。本書的研究為企業社會責任信息的生成、使用和監管提供基礎理論支持，使社會責任報告內容「言之有物」，報告分析「言之有理」，報告結論「言之有據」。研究得到的具體結論如下：

　　（1）不區分信息使用者認知水平差異，得到如下結論：①

圖形格式呈報的社會責任信息決策價值和公共關係價值均大於表格格式；②圖表結合格式呈報的社會責任信息決策價值和公共關係價值也均大於表格格式；③雖然圖表結合格式呈報的社會責任信息決策價值不顯著大於圖形格式，但其公共關係價值顯著大於圖形格式。社會責任信息決策價值受呈報格式的影響，而且不同呈報格式對決策價值和公共關係價值的影響存在規律：不同呈報格式的社會責任信息決策價值從小到大排序，呈現表格、圖形（圖表結合）的順序；不同呈報格式的社會責任信息公共關係價值從小到大排序，呈現表格、圖形、圖表結合的順序。

（2）區分信息使用者認知水平差異，得到如下結論：①本書分別使用社會責任知識水平和學歷層次兩個標準，將問卷對象按劃分為高認知和低認知兩個樣本，實證結果均表明，相比於認知水平高的信息使用者，認知水平低的信息使用者受呈報格式的影響更為顯著；②認知水平低的信息使用者中，表格和圖形格式、表格和圖表結合格式信息的決策價值和公共關係價值差異均更為顯著；③認知水平低的信息使用者中，圖形和圖表結合格式信息的決策價值沒有顯著差異，但其公共關係價值差異更為顯著。

（3）根據本書的研究結論，不同格式呈報的社會責任信息，其決策價值和公共關係價值的變化是不同步的。例如，圖表結合與圖形格式的社會責任信息相比，其決策價值提升的並不大。甚至圖表結合信息所占的篇幅比圖形信息更大，使社會責任報告更為冗長，並不利於信息使用者快速抓取重要信息，更使信息使用者錯誤地高估了信息的決策價值。於是，企業為選擇圖表結合形式而非圖形形式呈報社會責任信息的目的就很明確了。因為圖表結合形式具有最高的公共關係價值，有助於改善利益相關方對企業的觀感，所以企業選擇圖表結合的呈報格式能夠

印象管理社會責任報告，提高企業聲譽。

綜上所述，本書發現通過改變社會責任信息的呈報形式，可以影響社會責任信息的決策價值和公共關係價值。表格格式信息的決策價值和公共關係價值均最低，圖形格式信息的決策價值和公共關係價值均較高且差異較小，而圖表結合格式信息的決策價值顯著小於公共關係價值，會顯著誤導認知水平低的信息使用者的決策判斷，具有印象管理效果。

第二節　政策建議與啟示

文字、圖形、表格、圖表結合都是各類報告中常見的信息呈報形式，在企業財務報告中往往運用文字和表格的呈報形式，銷售預測、股市分析等領域則多使用圖形和圖表結合的呈報形式。而在企業社會責任報告領域，由於企業社會責任報告的自決性，導致企業發布的報告呈報形式各異，缺乏統一的標準。於是，探討不同信息呈報形式的決策支持作用，就有其重要意義，也成為信息報告的編製者、信息的使用者和研究者共同關注的問題。除此之外，決策是由人做出的，不同的信息使用者知識水平存在差異，經驗各有不同，這也對決策行為產生了影響，就需要信息報告的編製者選擇信息呈報的形式，幫助信息使用者更好地理解信息，提高信息決策價值。本書的研究結論對於實踐中企業編製社會責任報告、信息使用者閱讀報告和進行決策都具有啟示意義。根據本書的研究結果，為了提高社會責任信息的決策價值，筆者梳理出以下幾點建議和啟示：

第一，企業編製社會責任報告時，要選擇合適的呈報形式。本書的研究結果表明，通過改變信息的呈報形式可以提高信息的決策價值，同時可以改善企業形象（公共關係價值提高），可

謂一舉兩得。具體而言，圖表結合優於圖形，圖形優於表格，而表格優於純文字；高認知水平的信息使用者受呈報形式的影響不顯著，低認知水平的信息使用者受呈報形式的影響顯著。因此，企業可以依據信息內容，考慮呈報成本，選擇合適的呈報形式。甚至由於計算機技術的普及，使得企業通過區分不同類型的信息使用者而發布不同的社會責任報告也成為可能。

第二，企業在實踐過程中要努力發掘與各類信息匹配的呈報形式。本書的研究結果表明，呈報形式越清晰明了、形象生動（如圖形的呈報形式），信息的可理解性就越強，決策價值也就越高。然而，本書只是粗略地將呈報形式分為文字、圖形、表格、圖表結合四類，沒有更進一步地細緻研究。例如，圖形呈報形式就存在柱狀圖、折線圖、餅圖等不同類型，這些類型各有特點（條形圖適合描述複雜靜態數據，折線圖適合用來描述動態數據），也會對信息可理解性和決策價值產生影響。因此，企業信息編報人員要與相關技術人員合作，探索信息與呈報形式之間的匹配關係，設計出支持不同決策任務、適應不同類型的決策者的呈報形式，為高效決策提供智力支持。

第三節　研究的不足

儘管本研究為企業的社會責任報告實踐提供了一定的啟示，但不足之處仍無法避免，筆者認為本研究主要存在以下不足：

（1）問卷的主觀性。雖然本研究的問卷是在廣泛閱讀相關文獻的基礎上設計的，也採用了許多措施來降低個人主觀性的影響，如在社會責任信息篩選時比較國內外成熟的、有影響力的社會責任標準，採用專家問卷打分的手段進一步篩選社會責任信息，在問卷設計過程中多方求證、聽取專家意見，數據處

理過程中也選用多種方法相互驗證。但是，個人思慮有限，可能仍有考慮不周之處，主觀性仍無法完全避免。

（2）研究樣本的範圍還不足，個人專業差異不能作為考量的因素。個人的專業背景可能影響信息使用者的對社會責任信息的認識和需求，研究表明具有生產、會計等產量導向職能經驗的信息使用者，往往註重效率和效益，對社會責任的關注較少（Thomas & Simerly，1995）。而本書的問卷對象的專業背景集中在經管類專業，就難以從樣本上區分出專業差異特徵，這可以作為未來研究的一個方向。

（3）呈報形式的劃分較粗略。本研究探討了呈報形式對社會責任信息決策價值的影響，但對呈報形式的劃分不夠細，比如圖形形式僅有柱狀圖、折線圖和餅圖等。這主要是受限於社會責任報告的數量，從現有報告中無法摘取到充足的信息樣本，隨著社會責任報告發布數量的逐年遞增，有待未來的研究來加以補充。

參考文獻

[1] 安嘉理, 孟祥瑞, 向珉, 等. 價值發現之旅 2012—2013——中國企業可持續發展報告研究 [R]. 商道縱橫研究報告, 2013.

[2] 陳玉清, 馬麗麗. 中國上市公司社會責任會計信息市場反應實證分析 [J]. 會計研究, 2005 (11): 76-81.

[3] 鄧博夫. 會計分權下的管理會計師角色轉變與信息決策有用性研究 [D]. 成都: 西南財經大學, 2014.

[4] 刁宇凡. 企業社會責任標準的形成機理研究——基於綜合社會契約視閾 [J]. 管理世界, 2013 (7): 180-181.

[5] 風笑天. 社會調查中的問卷設計 [M]. 北京: 中國人民大學出版社, 2014.

[6] 龔明曉. 企業社會責任信息決策價值研究 [D]. 廣州: 暨南大學, 2007.

[7] 韓潔, 田高良, 李留闖. 連鎖董事與社會責任報告披露: 基於組織間模仿視角 [J]. 管理科學, 2015, 28 (1): 18-31.

[8] 郝祖濤, 嚴良, 謝雄標, 段旭輝. 集群內資源型企業綠色行為決策關鍵影響因素的識別研究 [J]. 中國人口 (資源與環境), 2014 (10): 170-176.

[9] 黃取情, 劉皓雪, 陳思, 等. 價值發現之旅 2015——

中國企業可持續發展報告研究［R］.商道縱橫研究報告，2015.

［10］吉利，張正勇，毛洪濤.企業社會責任信息質量特徵體系構建——基於對信息使用者的問卷調查［J］.會計研究，2013（1）：50-56.

［11］解江凌，趙楊，劉延平.中國中央企業社會責任報告發布現狀與質量評估——基於2006—2012年發布的社會責任報告［J］.管理現代化，2014（2）：60-62.

［12］李姝，趙穎，童婧.社會責任報告降低了企業權益資本成本嗎？——來自中國資本市場的經驗證據［J］.會計研究，2013（9）：64-70.

［13］李正，李增泉.企業社會責任報告鑒證意見是否具有信息含量——來自中國上市公司的經驗證據［J］.審計研究，2012（1）：78-86.

［14］劉紅霞，李任斯.在職消費、盈餘透明度與社會責任報告披露［J］.中央財經大學學報，2015（1）：53-62.

［15］孟祥瑞、張洪福、餘曼、郭沛源.價值發現之旅2013—2014——中國企業可持續發展報告研究［R］.商道縱橫研究報告，2014.

［16］馬龍龍.企業社會責任對消費者購買意願的影響機制研究［J］.管理世界，2011（5）：120-126.

［17］毛洪濤，馮華忠.會計信息呈報格式的決策價值研究述評——基於權變理論的視角［J］.會計與經濟研究，2013，27（3）：40-49.

［18］毛洪濤，何熙瓊，蘇朦.呈報格式、個人能力與管理會計信息決策價值：一項定價決策的實驗研究［J］.會計研究，2014（7）.

［19］宋獻中，龔明曉.公司會計年報中社會責任信息的價值研究——基於內容的專家問卷分析［J］.管理世界，2006，

12：104-110+167+172.

[20] 孫岩. 社會責任信息披露的清晰性、第三方鑒證與個體投資者的投資決策——一項實驗證據 [J]. 審計研究, 2012 (4)：97-104.

[21] 唐亞軍, 吉利, 汪麗. 呈報格式多樣性、信息交互及管理會計報告決策價值研究 [J]. 西藏大學學報：社會科學版, 2014, 29 (2)：188-194.

[22] 王霞, 徐怡, 陳露. 企業社會責任信息披露有助於甄別財務報告質量嗎? [J]. 財經研究, 2014, 40 (5).

[23] 尹珏林, 張玉利. 中國企業的 CSR 認知、行動和管理——基於問卷的實證分析 [J]. 經濟理論與經濟管理, 2010 (9)：63-70.

[24] 張文彤. SPSS 統計分析高級教程 [M]. 北京：高等教育出版社, 2004.

[25] 趙現明, 張天西. 財務信息呈報格式與決策者行為：研究綜述及啟示 [J]. 經濟與管理研究, 2009 (11)：123-128.

[26] Arnold V, Collier P A, Leech S A, et al. Impact of Intelligent Decision Aids on Expert and Novice Decision-makers Judgments [J]. Accounting & Finance, 2004, 44 (1)：1-26.

[27] Ashton, R. H. Cogitive Changes Induced by Accounting Changes: Experimental Evidence on the Functional Fixation Hypothesis [J]. Journal of Accounting Research, 1976.

[28] Cardinaels E. The Interplay Between Cost Accounting Knowledge and Presentation Formats in Cost-based Decision-making [J]. Accounting Organizations & Society, 2008, 33 (6)：582-602.

[29] Chandra A, Krovi R. Representational Congruence and Information Retrieval: Towards an Extended Model of Cognitive Fit [J]. Decision Support Systems, 1999, 25 (4)：271-288.

[30] Cheri Speier. The Influence of Information Presentation Formats on Complex Task Decision-making Performance [J]. International Journal of Human-Computer Studies, 2006, 8 (22): 1115-1131.

[31] Cox, P., Wicks, P. G.. Institutional Interest in Corporate Responsibility: Portfolio Evidence and Ethical Explanation [J]. Journal of Business Ethics, 2011, 103 (1): 143-165.

[32] Desanctis G, Jarvenpaa S L. Graphical Presentation of Accounting Data for Financial Forecasting: An Experimental Investigation [J]. Accounting Organizations & Society, 1989, 14 (5-6): 509-525.

[33] Dhaliwal D S, Li O Z, Tsang A, et al. Voluntary Non-Financial Disclosure and the Cost of Equity Capital: The Case of Corporate Social Responsibility Reporting [J]. Social Science Electronic Publishing, 2009, 86 (1): 59-100.

[34] Dickson G W, Desanctis G, Mcbride D J. Understanding the Effectiveness of Computer Graphics for Decision Support : A Cumulative Experimental Approach [J]. Communications of the Acm, 1986, 29 (1): 40-47.

[35] Dunn C, Grabski S. An Investigation of Localization as an Element of Cognitive Fit in Accounting Model Representations [J]. Decision Sciences, 2001, 32 (1): 55-94.

[36] Epstein M J, Freedman M. Social Disclosure and the Individual Investor [J]. Accounting Auditing & Accountability Journal, 1994, volume 7 (4): 94-109 (16).

[37] Ghani E K, Laswad F, Tooley S, et al. The Role of Presentation Format on Decision-makers' Behaviour in Accounting [J]. International Business Research, 2009, 2 (1): 183.

[38] Godfrey, P. C., Merrill, C. B., Hansen, J. M.. The

Relationship between Corporate Social Responsibility and Shareholder Value: An Empirical Test of the Risk Management Hypothesis. Strategic Management Journal, 2009, 30 (4): 425-445.

[39] Gray R. Thirty Years of Social Accounting, Reporting and Auditing: What (if anything) Have We learnt? [J] Business Ethics: A European Review. 2000, 10 (1): 9-15.

[40] Harvey N, Bolger F. Graphs Versus Tables: Effects of Data Presentation Format on Judgemental Forecasting [J]. International Journal of Forecasting, 1996, 12 (1): 119-137.

[41] Heath R L, Phelps G. Annual Reports II: Readability of Reports vs. Business Press [J]. Public Relations Review, 1984, 10: 56-62.

[42] Herman Chernoff. The Use of Faces to Represent Points in K-Dimensional Space Graphically [J]. Journal of the American Statistical Association, 1972, 68 (68): 361-368.

[43] Hirst D. E, Hopkins P. Discussion of Comprehensive Income Reporting and Analysts' Valuation Judgments [J]. Journal of Accounting Research, 1998 (supplement), 47-75.

[44] Hockerts K, Moir L. Communicating Corporate Responsibility to Investors - The Changing Role of the Investor Relations Function [J]. Journal of Business Ethics, 2003, 42 (1): 85-98.

[45] Hooghiemstra R. Corporate Communication and Impression Management-New Perspectives Why Companies Engage in Corporate Social Reporting [J]. Journal of Business Ethics, 2000, 27 (1-2): 55-68.

[46] Ingram, Robert W, An Investigation of the Information Content of Social Responsibility Disclosures, Journal of Accounting Research, 1978, 16 (2): 270-285.

[47] Ioannou I, Serafeim G. The Impact of Corporate Social Responsibility on Investment Recommendations: Analysts Perceptions and Shifting Institutional Logics [J]. Strategic Management Journal, 2014.

[48] J. Jones M, A. Shoemaker P, et al. Accounting Narratives: A Review of Empirical Studies of Content and Readability [J]. Journal of Accounting Literature, 1994, 13: 142.

[49] James Guthrie, Lee D. Parker. Corporate Social Reporting: A Rebuttal of Legitimacy Theory [J]. Accounting & Business Research, 1989, 19 (76): 343-352.

[50] Jarvenpaa S L, Dickson G W. Graphics and Managerial Decision Making: Research-based Guidelines [J]. Communications of the Acm, 2010, 31 (6): 764-774.

[51] Jones, M. J.. A Longitudinal Study of the Readability of the Chairman's Narratives in the Corporate Reports of A UK Company [J]. Accounting and Business Research, 1988, 8: 297-305.

[52] KPMG. The KPMG Survey of Corporate Responsibility Report 2015. Amsterdam: KPMG International Global Sustainability Service, 2016: 1-48.

[53] Kuhberger A. The Framing of Decisions: A New Look at Old Problems [J]. Organizational Behavior & Human Decision Processes, 1995, 62 (2): 230-240.

[54] Libby R, Lewis B L. Human Information Processing Research in Accounting: The State of the Art in 1982 [J]. Accounting Organizations & Society, 1977, 7 (3): 231-285.

[55] Mackay D B, Villarreal A. Performance Differences in the Use of Graphic and Tabular Displays of Multivariate Data [J]. Decision Sciences, 1987, 18 (4): 535-546.

[56] McMillan, G. S. Corporate Social Investment: Do They

Pay? [J]. Journal of Business Ethics, 1996, 15 (3): 309-314.

[57] Miller G A. The Magical Number Seven Plus or Minus Two: Some Limits on Our Capacity for Processing Information. [J]. Psychological Review, 1956, 63 (2): 81-97.

[58] Moreno K, Kida T, Smith J F. The Impact of Affective Reactions on Risky Decision Making in Accounting Contexts [J]. Journal of Accounting Research, 2002, 40 (5): 1331-1349.

[59] Moriarity S. Communicating Financial Information Through Multidimensional Graphics [J]. Journal of Accounting Research, 1979, 17 (1): 205-224.

[60] Neron P Y, Norman W. Corporations as Citizens: Political Not Metaphorical: A Reply to Critics [J]. Business Ethics Quarterly, 2008, 18 (1): 61-66.

[61] Patten D M. Media Exposure, Public Policy Pressure, and Environmental Disclosure: An Examination of the Impact of Tri Data Availability [J]. Social Science Electronic Publishing, 2002, 26 (2): 152-171.

[62] Pinon A, Gambara H. A Meta-analytic Review of Framming Effect: Risky, Attribute and Goal Framing [J]. Psicothema, 2005, 17 (2): 325-331.

[63] Porter M E, Kramer M R. La Creación De Valor Compartido: Cómo Reinventar El Capitalismo y Liberar Una Oleada De Innovación y Crecimiento [J]. Harvard Business Review, 2011, 89: 31-49.

[64] Rockness J, Williams P F. A Descriptive Study of Social Responsibility Mutual Funds [J]. Accounting Organizations & Society An International Journal Devoted to the Behavioural Organizational & Social Aspects of Accounting, 1988, 13 (88): 397-411.

[65] Sievänen R, Rita H, Scholtens B. The Drivers of Responsible Investment: The Case of European Pension Funds [J]. Journal of Business Ethics, 2013, 117 (1): 137-151.

[66] Smith M, Taffler R. Readability and Understandability: Different Measures of the Textual Complexity of Accounting Narrative [J]. Accounting Auditing & Accountability Journal, 1992, 5 (4).

[67] So S, Smith M. Multivariate Decision Accuracy and the Presentation of Accounting Information [J]. Accounting Forum, 2004, 28 (3): 283-305.

[68] Still, M. D.. The Readability of Chairmen's Statements [J]. Accounting and Business Research, 1972: 36-39.

[69] Suchman M C. Managing legitimacy: Strategic and Institutional Approaches [J]. Academy of Management Review, 1995, 20 (3): 571-610.

[70] Tuttle B, Kershaw R. Information Presentation and Judgment Strategy from a Cognitive FitPerspective [J]. Journal of Information Systems, 1998, 12 (1): 1-17.

[71] Tversky A, Kahneman D, Tversky A, et al. Evidential Impact of Base Rates [J]. D. kahneman P. slovic & A. tversky Judgment Under Uncertainty Heuristics & Biases, 1981.

[72] Ullmann A A. Data in Search of a Theory: A Critical Examination of the Relationships Among Social Performance, Social Disclosure, and Economic Performance of U. S. Firms [J]. Academy of Management Review, 1985, 10 (3): 540-557.

[73] Umanath N. S., Vessey I. Multiattribute Data Presentation and Human Judgment: A Cognitive Fit Perspective [J]. Decision Sciences, 1994, 25 (5-6): 795-824.

[74] Vessey I, Galletta D. Cognitive Fit: An Empirical Study of

Information Acquisition [J]. Information Systems Research, 1991, 2 (1): 63-84.

[75] Washburne J N. An Experimental Study of Various Graphic, Tabular, and Textual Methods of Presenting Quantitative Material. [J]. Journal of Educational Psychology, 1927, 18 (6): 361-376.

[76] Willis, J L, Implications of Structural Changes in the U. S. Economy for Pricing Behavior and Inflation Dynamics [J]. Economic Review, Federal Reserve Bank of Kansas City, 1: 5-27.

[77] Wright W F. Task Experience as a Predictor of Superior Loan Loss Judgments [J]. Auditing A Journal of Practice & Theory, 2001, 20 (1): 147-155.

附　錄

企業社會責任信息決策價值專家調查問卷

尊敬的＿＿＿＿＿＿老師/同學：

您好！

我們是南京財經大學課題組成員，目前承擔教育部人文社會科學研究青年基金項目（12YJCZH297）和國家自然科學基金青年項目（71402068）的研究任務。課題經過前期文獻收集、整理工作，已進入實地調研階段。為保證研究結論具有針對性、實現有用性的目標，迫切需要進行一個專家調查問卷（半開放），希望得到您的支持與合作。

在經濟全球化的今天，企業履行社會責任日益受到各國資本市場監管部門、社會公眾和投資者的關注，社會責任信息的披露已成為一種趨勢。為集中專門反應社會責任，社會責任信息披露形式由在傳統財務報告中的敘述性披露，向在財務報告之外編報社會責任報告發展。面對日益複雜的外部環境和利益相關方的需求、社會責任報告數量激增而質量難以保證以及社會責任信息披露理論研究相對實踐滯后的現狀，對社會責任報告信息決策價值進行研究，已然成為學術界一項非常緊迫的任務和難題。

作為該領域的專家/學者，凝聚您多年研究經驗和智慧的建議將是我進行該項研究的基礎和寶貴財富，請您撥冗填寫調查問卷。請您就「相關社會責任信息在您理解、使用並做出投資、購買等決策時的重要程度打分」（1 =「完全不重要」，……，6 =「很重要」，數字越大表示重要程度越高），並用黃色熒光標註對應選項。如有補充請填寫，並賦值。

　　我們鄭重承諾：調查涉及的全部資料僅供學術研究之用，決不私自挪作他用，您所填寫的一切內容，也將絕對保密。如您需要，我們願意將最終研究成果反饋給您，以期能為提高中國企業社會責任報告信息價值提供有益借鑑！

　　非常感謝您抽出寶貴的時間參與調查！

　　（一）**主體問卷**：請您站在客觀的立場，根據您的專業判斷就<u>「以下社會責任信息在您理解、使用並做出投資、購買等決策時的重要程度打分」（1 =「完全不重要」，……，6 =「很重要」，數字越大表示重要程度越高）</u>，並用黃色熒光標註對應選項。如有補充請填寫，並賦值。

編號	社會責任報告信息項目描述	示例（用雙引號列出）或解釋	完全不重要	不重要	有點不重要	有點重要	重要	非常重要
1	僱員性別構成	「2014年員工構成中，女員工占51.33%。」	1	2	3	4	5	6
2	僱員年齡構成	「員工年齡主要分佈於45歲及以下，占69.5%。」	1	2	3	4	5	6
3	僱備員工總數	「報告期末，公司在崗員工37838人。」	1	2	3	4	5	6
4	勞動合同簽訂比率	「2014年本集團勞動合同簽訂率為100%。」	1	2	3	4	5	6
5	員工培訓時長人次	「企業人均培訓課時超過20小時。」	1	2	3	4	5	6
6	員工培訓課程種類	「課程包括領導力、專業化、企業文化培訓和跨界學習。」	1	2	3	4	5	6
7	員工健康管理	「定期開展由職業病防治機構進行的職業健康身體檢查。」	1	2	3	4	5	6
8	員工薪酬水平	「2014年本集團支付給職工的平均年薪為9.02萬元。」	1	2	3	4	5	6
9	員工假期福利	「員工享有法定節假日、帶薪年休假、探親假等假期。」	1	2	3	4	5	6
10	員工其他福利	「為員工提供保險、餐飲、住宿、交通、娛樂等福利。」	1	2	3	4	5	6
11	對特殊員工的關愛	「本年度一次性援助3名員工，援助金額15萬元。」	1	2	3	4	5	6
12	安全生產管理制度	「本年安全例會上，集團提出安全改善措施406項。」	1	2	3	4	5	6
13	安全生產成果披露	「2014年，百萬工時發生傷害損失工作日數84天。」	1	2	3	4	5	6

編號	社會責任報告信息項目描述	示例（用雙引號列出）或解釋	完全不重要	不重要	有點不重要	有點重要	重要	非常重要
14	排放污染及廢物的識別	「2014年，SO₂排放量同比降低16.86%。」	1	2	3	4	5	6
15	採取相關控制污染措施	「本年廢棄物回收利用量增加了21.33%，回收率超過88%。」	1	2	3	4	5	6
16	識別能源、水的來源	「外購電是能源主要組成部分，占能源總和的93.71%。」	1	2	3	4	5	6
17	能源、水的節約措施	「創建污水廠收集、處理、循環、利用』綜合治理模式。」	1	2	3	4	5	6
18	測量、記錄及報告能源及水的用量	「2014年度總能耗40.65萬噸標準煤。」	1	2	3	4	5	6
19	測量、記錄及報告溫室氣體排放量	「2014年溫室氣體總排放量為1071832噸。」	1	2	3	4	5	6
20	識別溫室氣體排放源頭	「對不同範疇溫室氣體進行內部盤查及量化。」	1	2	3	4	5	6
21	年度環保投資額	「全年投入環保科研經費約1051萬元。」	1	2	3	4	5	6
22	防腐政策及做法	「公司與中高層幹部進行廉潔談話並簽訂《廉潔承諾書》。」	1	2	3	4	5	6
23	採購政策中鼓勵社會責任	「2014年供應商ISO14001環境管理體系認證率達到15%。」	1	2	3	4	5	6

編號	社會責任報告信息項目描述	示例（用雙引號列出）或解釋	完全不重要	不重要	有點不重要	有點重要	重要	非常重要
24	質量管理體系闡述及認證	「集團獲得『國家強制性產品品認證』證書共3,311張。」	1	2	3	4	5	6
25	產品或者服務的技術創新	「2014年專利申請量達939件。」	1	2	3	4	5	6
26	客戶滿意度調查	「2015年主要客戶整體滿意度85.7%。」	1	2	3	4	5	6
27	客戶的投訴情況	「2014年共受理客戶有效投訴881件。」	1	2	3	4	5	6
28	社會公益捐贈構成情況	「2014年，共計對外捐贈贊助1,031.79萬元。」	1	2	3	4	5	6
29	披露了每股社會貢獻值	「2014年公司每股社會貢獻值為1.763元。」	1	2	3	4	5	6
30	任報告期內獲得的獎勵	「2014年獲得中國企業社會責任傑出企業獎。」	1	2	3	4	5	6
31	社區意見徵集	收集並考慮企業所在地區公眾對企業發展的建議。	1	2	3	4	5	6
32	支持社區企業	資材設備採購中來源於本地供應商的金額、比例。	1	2	3	4	5	6
33	志願服務績效	「2014年，員工志願服務時間共計26,950小時。」	1	2	3	4	5	6

如果您有任何寶貴建議，請在此不吝賜教：

_____

附錄 177

(二) 背景資料，請您用黃色熒光標註對應選項。

1. 性　　別：

①男　　　　　　　　②女

2. 年　　齡：

①30 歲及以下　　　　②31~40 歲

③41~50 歲　　　　　④51 歲及以上

3. 工作年限：

①5 年及以下　　　　 ②6~10 年

③11~20 年　　　　　④20 年以上

4. 研究方向：

①財務會計類（包括審計）

②經濟、管理類非財務會計方向

③社會學類

④其他

5. 職　　稱：

①教授　　　　　　　②副教授

③講師　　　　　　　④助教（研究生）

6. 學　　歷：

①博士（生）　　　　②碩士（生）

③本科　　　　　　　④專科及以下

企業社會責任信息價值使用者評價問卷

尊敬的女士/先生：

您好！

我們是南京財經大學課題組成員，目前承擔教育部人文社會科學研究青年基金項目（12YJCZH297）和國家自然科學基金青年項目（71402068）的研究任務。經前期調研、文獻整理工作后，我們發現由於企業社會責任報告的自決性，導致企業發布的報告呈報形式各異，缺乏統一的標準。而且，現有報告中信息多以純文字形式呈報，造成利益相關者理解上的困難，又成為社會責任報告價值不高的原因之一。

本課題研究旨在提高企業社會責任信息價值，以便更好地維護各利益相關方的權益。<u>為此，本課題摘錄了 2013—2015 年發布的社會責任報告中，以「純文字、表格、圖形、圖表結合」四種形式呈報的社會責任信息，請您對這些社會責任信息的決策價值和公共關係價值進行評價。</u>

您的真知灼見將對本課題研究起到至關重要的作用，衷心希望能得到您的支持和協助！

本調查不用填寫姓名，請您根據自己的實際情況填寫。我們鄭重承諾：調查涉及的全部資料僅供研究之用，決不私自挪作他用，您所填寫的一切內容，也將絕對保密。

整個過程大概要占用您 15 分鐘左右的時間，希望您能夠<u>認真、客觀</u>填答，辛苦您了！

我們衷心感謝您的支持與合作！

第一部分

請就以下問題選擇您認為合適的選項。

A1. 您對企業社會責任的瞭解程度(單選)：

A. 完全不瞭解；B. 瞭解不多；C. 比較瞭解；D. 非常瞭解。

A2. 您對社會責任相關知識的瞭解或從事社會責任相關工作的經驗(選擇與您情況最接近的一項)：

A. 有所耳聞，但未深入瞭解過；

B. 閱讀過企業社會責任報告；

C. 通過課程或書籍學習過社會責任相關知識；

D. 發表過社會責任相關文章或參與過相關課題和研究。

A3. 對於企業披露的社會責任信息，您會關注(選擇一項或以上)：

A. 雇員待遇、福利信息；B. 健康和安全信息；C. 反腐倡廉信息；D. 客戶相關信息；E. 供應鏈管理信息；F. 環境保護信息；G. 資源耗費信息；H. 社會公益信息。

A4. 請您就下列對*圖形*的看法發表意見，在相應分值上用黃色熒光筆標註，(圖形包括，柱狀圖、餅圖、折線圖、突出顯示的文本等)：

下列看法與您的實際相比：	完全不符	不相符	有點不符	有點相符	相符	完全相符
1. 您認為圖形信息比文字信息更容易理解	1	2	3	4	5	6
2. 您認為複雜信息以圖形形式呈報更合適	1	2	3	4	5	6
3. 您認為依靠圖形信息能更快地做出決策	1	2	3	4	5	6
4. 您認為信息以圖形呈報更為直觀、明了	1	2	3	4	5	6
5. 您認為圖形信息提高了讀者的閱讀興趣	1	2	3	4	5	6

（續表）

下列看法與您的實際相比：	完全不符	不相符	有點不符	有點相符	相符	完全相符
6. 您更願意通過圖形信息做出決策	1	2	3	4	5	6

A5. 請您就下列對*表格*的看法發表意見，在相應分值上用黃色熒光筆標註。

下列看法與您的實際相比：	完全不符	不相符	有點不符	有點相符	相符	完全相符
1. 您認為表格信息比文字信息更容易理解	1	2	3	4	5	6
2. 您認為複雜信息以表格形式呈報更合適	1	2	3	4	5	6
3. 您認為依靠表格信息做出的決策更準確	1	2	3	4	5	6
4. 您認為信息以表格呈報更為詳細、可靠	1	2	3	4	5	6
5. 您認為表格信息提高了讀者的閱讀興趣	1	2	3	4	5	6
6. 您更願意通過表格信息做出決策	1	2	3	4	5	6

第二部分

請您客觀評價下列社會責任信息的「決策價值」和「公共關係價值」，在相應分值上用黃色熒光筆標註。

B1 以下是我們從企業社會責任報告中摘取的「*勞動合同簽訂比率*」信息的*四種呈報形式*，請您就每一種呈報形式信息的決策價值和公共關係價值進行打分，在相應分值上用黃色熒光筆標註。打分標準如下表所示：

等級	完全不重要	不重要	有點不重要	有點重要	重要	非常重要
對應分值	1	2	3	4	5	6

「信息決策價值」指，信息使用者做出諸如*投資、借貸、產*

品或服務的購買、供應、就業選擇、監管等決策時，該信息的重要程度。（即「信息的*決策作用*」）

「公共關係價值」指，信息對利益相關者願意（或不願意）與企業*建立、維持或改善關係的態度*的影響程度。（即「信息的*社交作用*」）

:::呈报形式一:::

　　本集團通過工會與全體員工簽訂集體勞動合同，集體協議中規定有磋商和談判的提前通知期等相關條款，在實施可能嚴重影響員工的重大營運變化之前，會提前通知員工及其代表。集團各成員企業均設有工會，所有員工都為工會會員並受集體協商協議保障。

信息決策價值： 1 2 3 4 5 6　　公共關係價值： 1 2 3 4 5 6

:::呈报形式二:::

指标	2012 年	2013 年	2014 年
集体合同覆盖率（%）	100	100	100
社会保险覆盖率（%）	100	100	100

信息決策價值： 1 2 3 4 5 6　　公共關係價值： 1 2 3 4 5 6

:::呈报形式三:::

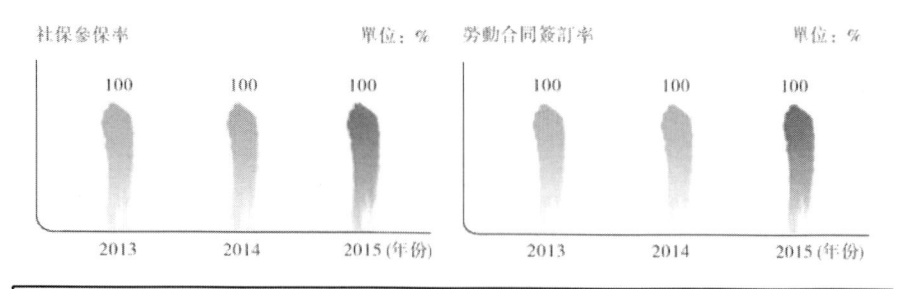

社保参保率　　　　　　　　　單位：%　　　　劳动合同签订率　　　　　　　　　單位：%

	2013	2014	2015（年份）		2013	2014	2015（年份）
	100	100	100		100	100	100

信息決策價值： 1 2 3 4 5 6　　公共關係價值： 1 2 3 4 5 6

呈报形式四

项目	2012年度	2013年度	2014年度
劳动合同签订率	100%	100%	100%

劳動合同簽訂率：2014年 100%，2013年 100%，2012年 100%

| 信息決策價值： 1 2 3 4 5 6　　公共關係價值： 1 2 3 4 5 6 |

　　B2 以下是我們從企業社會責任報告中摘取的「*員工培訓時長人次*」信息的*四種呈報形式*，請您就每一種呈報形式信息的決策價值和公共關係價值進行打分，在相應分值上用黃色熒光筆標註。打分標準如下表所示：

等級	完全不重要	不重要	有點不重要	有點重要	重要	非常重要
對應分值	1	2	3	4	5	6

　　「信息決策價值」指，信息使用者做出諸如*投資、借貸、產品或服務的購買、供應、就業選擇、監管*等決策時，該信息的重要程度。（即「信息的*決策作用*」）

　　「公共關係價值」指，信息對利益相關者願意（或不願意）與企業*建立、維持或改善關係的態度*的影響程度。（即「信息的*社交作用*」）

呈报形式一

　　2014年，員工人均培訓107學時，參與培訓15.7餘萬人次。

| 信息決策價值： 1 2 3 4 5 6　　公共關係價值： 1 2 3 4 5 6 |

附錄 | 183

|呈报形式二|

指标	2015 年
職業培訓人数（人次）	712225
職業培訓覆蓋率（%）	72.28

信息決策價值： 1 2 3 4 5 6　　公共關係價值： 1 2 3 4 5 6

|呈报形式三|

員工培訓人次 **186.34** 萬人次　　員工培訓項目數 **3.8** 萬期

信息決策價值： 1 2 3 4 5 6　　公共關係價值： 1 2 3 4 5 6

|呈报形式四|

指标名称	2011年	2012年	2013年
員工平均培訓時間（小时）	57.4	59.1	61.2

98.9　全年培訓員工98.9万人次，人均培訓時長61.2小時

1,150　網上大學登錄次數達1,150万人次，參與員工人均學習時長25小時

信息決策價值： 1 2 3 4 5 6　　公共關係價值： 1 2 3 4 5 6

B3 以下是我們從企業社會責任報告中摘取的「*員工健康管理*」信息的*四種呈報形式*，請您就每一種呈報形式信息的決策價值和公共關係價值進行打分，在相應分值上用黃色熒光筆標註。打分標準如下表所示：

等級	完全不重要	不重要	有點不重要	有點重要	重要	非常重要
對應分值	1	2	3	4	5	6

「信息決策價值」指，信息使用者做出諸如<u>投資</u>、<u>借貸</u>、<u>產品或服務的購買</u>、<u>供應</u>、<u>就業選擇</u>、<u>監管</u>等決策時，該信息的重要程度。(即「信息的<u>決策作用</u>」)

「公共關係價值」指，信息對利益相關者願意（或不願意）與企業<u>建立、維持或改善關係的態度</u>的影響程度。(即「信息的<u>社交作用</u>」)

┌─────────────┐
┆ 呈报形式一 ┆
└─────────────┘

　　公司撥出專門經費，定期組織職工參加體檢，並為員工建立健康檔案。針對女職工的生理特點，每年組織兩次專項健康體檢。公司及所屬各單位員工體檢率和健康檔案建立率均達到了100%。

| 信息決策價值： 1 2 3 4 5 6　　公共關係價值： 1 2 3 4 5 6 |

┌─────────────┐
┆ 呈报形式二 ┆
└─────────────┘

指標	2013年	2014年	2015年
員工職業健康檢查率 (%)	98.7	98.7	98.8
體檢及健康檔案覆蓋率 (%)	95.7	98.4	98.8

| 信息決策價值： 1 2 3 4 5 6　　公共關係價值： 1 2 3 4 5 6 |

|呈报形式三|

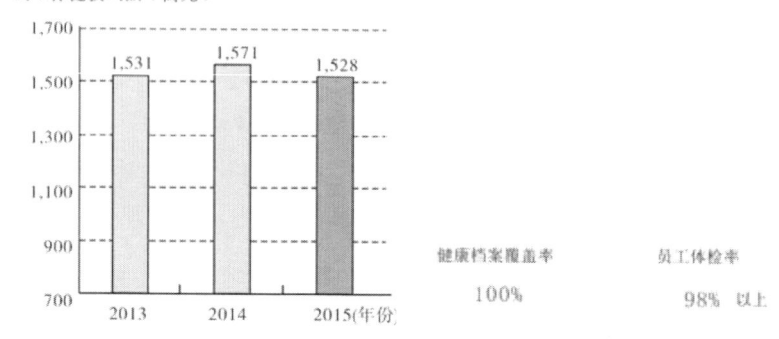

员工保健投入额（萬元）

2013: 1,531　2014: 1,571　2015: 1,528

健康档案覆盖率　100%　　員工体检率　98% 以上

信息決策價值： 1　2　3　4　5　6　　公共關係價值： 1　2　3　4　5　6

|呈报形式四|

指标	2013 年	2014 年	2015 年
员工职业健康检查率 (%)	98.7	98.8	98.9
体检及健康档案覆盖率 (%)	98.4	98.8	98.9

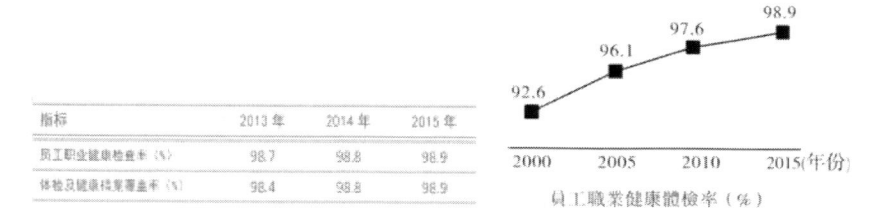

2000: 92.6　2005: 96.1　2010: 97.6　2015: 98.9（年份）

員工職業健康體檢率（%）

信息決策價值： 1　2　3　4　5　6　　公共關係價值： 1　2　3　4　5　6

B4 以下是我們從企業社會責任報告中摘取的「*員工薪酬水平*」信息的 *四種呈報形式*，請您就每一種呈報形式信息的決策價值和公共關係價值進行打分，在相應分值上用黃色熒光筆標註。打分標準如下表所示：

等級	完全不重要	不重要	有點不重要	有點重要	重要	非常重要
對應分值	1	2	3	4	5	6

「信息決策價值」指，信息使用者做出諸如*投資、借貸、產品或服務的購買、供應、就業選擇、監管*等決策時，該信息的重要程度。(即「信息的*決策作用*」)

「公共關係價值」指，信息對利益相關者願意（或不願意）與企業*建立、維持或改善關係的態度*的影響程度。(即「信息的*社交作用*」)

呈报形式一

2014 年，本集團支付給職工以及為職工支付的現金超過人民幣 16.32 億元，較 2013 年增長 30.97%。

信息決策價值： 1 2 3 4 5 6　　公共關係價值： 1 2 3 4 5 6

呈报形式二

項目	單位	2014年	2013年	2012年
員工費用	億元	171.88	158.02	143.89

信息決策價值： 1 2 3 4 5 6　　公共關係價值： 1 2 3 4 5 6

呈报形式三

□ 薪酬福利支出（百萬元）

2012: 10,707
2013: 11,764
2014(年份): 11,760

信息決策價值： 1 2 3 4 5 6　　公共關係價值： 1 2 3 4 5 6

附錄 187

|呈报形式四|

項目	2012 年度	2013 年度	2014 年度
支付職工及為職工支付的現金（万元）	76,594（追溯調整后）	124,594（追溯調整后）	163,190

2010年-2014年集團人均年薪對比（萬元）: 5.01, 4.98, 5.33, 7.42, 9.02

信息決策價值： 1 2 3 4 5 6　　公共關係價值： 1 2 3 4 5 6

B5 以下是我們從企業社會責任報告中摘取的「*對特殊員工關愛*」信息的*四種呈報形式*，請您就每一種呈報形式信息的決策價值和公共關係價值進行打分，在相應分值上用黃色熒光筆標註。打分標準如下表所示：

等級	完全不重要	不重要	有點不重要	有點重要	重要	非常重要
對應分值	1	2	3	4	5	6

「信息決策價值」指，信息使用者做出諸如*投資*、*借貸*、*產品或服務的購買*、*供應*、*就業選擇*、*監管*等決策時，該信息的重要程度。（即「信息的*決策作用*」）

「公共關係價值」指，信息對利益相關者願意（或不願意）與企業*建立*、*維持或改善關係的態度*的影響程度。（即「信息的*社交作用*」）

|呈报形式一|

「員工關愛計劃」於 2008 年啟動。截至 2014 年年底，共 73 名員工及家屬獲得關愛捐助。本年度一次性援助 3 名員工，援助金額 15 萬元；給予員工親屬無息貸款 7 人，援助金額 29.5 萬元。

信息決策價值： 1 2 3 4 5 6　　公共關係價值： 1 2 3 4 5 6

┌─────────────┐
│ 呈报形式二 │
└─────────────┘

责任绩效指标	2013 年	2014 年	2015 年
困难员工帮扶投入（万元）	1199	1260	1323
慰问资金投入（万元）	1178	1236	1298

信息決策價值： 1 2 3 4 5 6　　公共關係價值： 1 2 3 4 5 6

┌─────────────┐
│ 呈报形式三 │
└─────────────┘

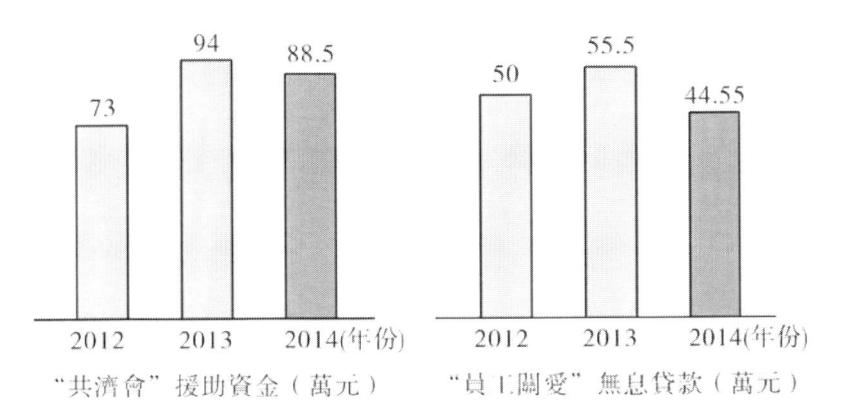

"共濟會"援助資金（萬元）：2012年 73；2013年 94；2014年 88.5

"員工關愛"無息貸款（萬元）：2012年 50；2013年 55.5；2014年 44.55

信息決策價值： 1 2 3 4 5 6　　公共關係價值： 1 2 3 4 5 6

┌─────────────┐
│ 呈报形式四 │
└─────────────┘

2015年公益指標	
向困難、殘疾職工發放恩周金	24
向困難職工發放款物	309.25
向困難職工子女發放恩周金	8.34

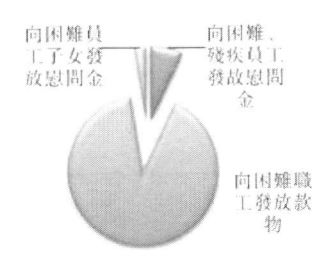

信息決策價值： 1 2 3 4 5 6　　公共關係價值： 1 2 3 4 5 6

B6 以下是我們從企業社會責任報告中摘取的「*安全生產管理制度*」信息的*四種呈報形式*，請您就每一種呈報形式信息的決策價值和公共關係價值進行打分，在相應分值上用黃色熒光筆標註。打分標準如下表所示：

等級	完全不重要	不重要	有點不重要	有點重要	重要	非常重要
對應分值	1	2	3	4	5	6

「信息決策價值」指，信息使用者做出諸如*投資、借貸、產品或服務的購買、供應、就業選擇、監管*等決策時，該信息的重要程度。（即「信息的*決策作用*」）

「公共關係價值」指，信息對利益相關者願意（或不願意）與企業*建立、維持或改善關係的態度*的影響程度。（即「信息的*社交作用*」）

:呈报形式一:

2014 年，公司安全投入達 84,321 萬元，煤礦安全員培訓 74,833 人，為礦井安全生產提供了強有力的資金保障。

信息決策價值： 1 2 3 4 5 6　　公共關係價值： 1 2 3 4 5 6

:呈报形式二:

一級指標	二級指標	2015 年公司表現
安全生產	資金投入（亿元）	47.51
	安全生產培訓（人次）	186,082

信息決策價值： 1 2 3 4 5 6　　公共關係價值： 1 2 3 4 5 6

|呈报形式三|

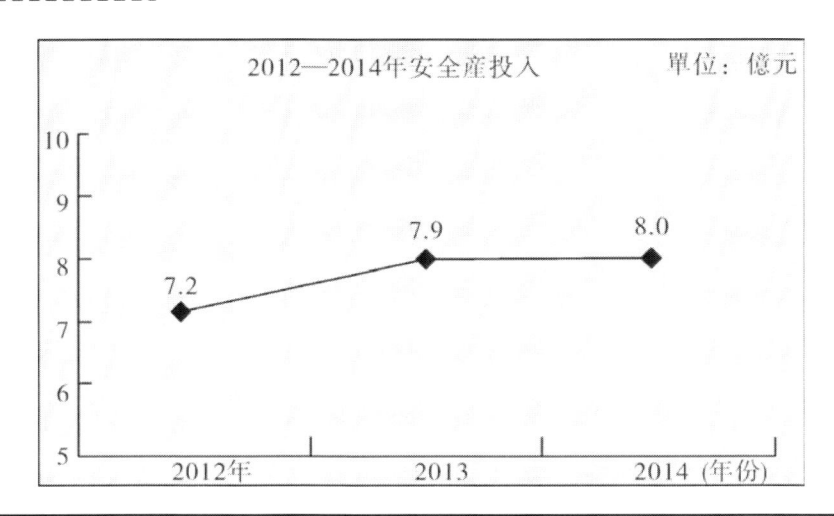

2012—2014年安全產投入　　　單位：億元

[折線圖：2012年 7.2；2013年 7.9；2014年 8.0]

信息決策價值： 1 2 3 4 5 6　　公共關係價值： 1 2 3 4 5 6

|呈报形式四|

指標	2013年	2014年	2015年
安全活動覆蓋率（%）	90.8	91.3	100
安全培訓投入（人民幣萬元）	24 809	27 779	31 045

安全培訓投入 3.1億元人民幣　　坑井覆蓋率 100%

信息決策價值： 1 2 3 4 5 6　　公共關係價值： 1 2 3 4 5 6

　　B7 以下是我們從企業社會責任報告中摘取的「安全生產成果披露」信息的*四種呈報形式*，請您就每一種呈報形式信息的決策價值和公共關係價值進行打分，在相應分值上用黃色熒光筆標註。打分標準如下表所示：

等級	完全不重要	不重要	有點不重要	有點重要	重要	非常重要
對應分值	1	2	3	4	5	6

附錄 191

「信息決策價值」指，信息使用者做出諸如*投資、借貸、產品或服務的購買、供應、就業選擇、監管*等決策時，該信息的重要程度。（即「信息的*決策作用*」）

「公共關係價值」指，信息對利益相關者願意（或不願意）與企業*建立、維持或改善關係的態度*的影響程度。（即「信息的*社交作用*」）

┌─────────────┐
│ 呈报形式一 │
└─────────────┘

　　全年公司沒有發生重特大安全生產事故，因工死亡人數 7 人，原煤生產百萬噸死亡率 0.009，19 個煤礦安全生產週期超過 1,000 天，1 個井工礦安全生產週期達到 10 年以上，電力、港口、航運板塊實現「零死亡」目標，繼續保持國際先進水平。

| 信息決策價值： 1 2 3 4 5 6 　　公共關係價值： 1 2 3 4 5 6 |

┌─────────────┐
│ 呈报形式二 │
└─────────────┘

指标	2013 年	2014 年
煤炭生产百万吨工亡率	0.053	0.121
矿建施工万米进尺死亡率	0	0

| 信息決策價值： 1 2 3 4 5 6 　　公共關係價值： 1 2 3 4 5 6 |

┌─────────────┐
│ 呈报形式三 │
└─────────────┘

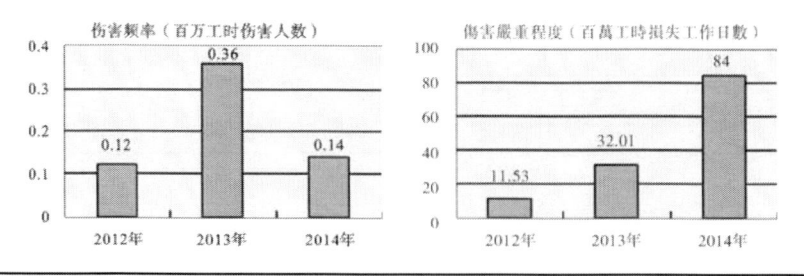

伤害频率（百万工时伤害人数）
2012年 0.12　2013年 0.36　2014年 0.14

伤害严重程度（百萬工時損失工作日數）
2012年 11.53　2013年 32.01　2014年 84

| 信息決策價值： 1 2 3 4 5 6 　　公共關係價值： 1 2 3 4 5 6 |

呈报形式四

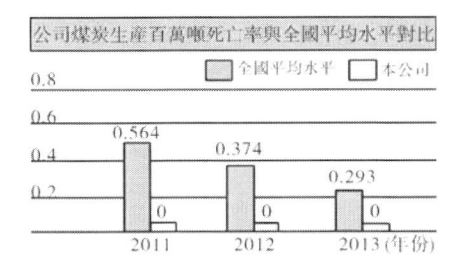

公司煤炭生產百萬噸死亡率與全國平均水平對比

安全指標	2011年	2012年	2013年
員工重傷人數（人）	0	0	0
員工死亡人數（人）	0	0	0

信息決策價值： 1 2 3 4 5 6　　公共關係價值： 1 2 3 4 5 6

B8 以下是我們從企業社會責任報告中摘取的「*社會公益捐贈構成情況*」信息的*四種呈報形式*，請您就每一種呈報形式信息的決策價值和公共關係價值進行打分，在相應分值上用黃色熒光筆標註。打分標準如下表所示：

等級	完全不重要	不重要	有點不重要	有點重要	重要	非常重要
對應分值	1	2	3	4	5	6

「信息決策價值」指，信息使用者做出諸如*投資、借貸、產品或服務的購買、供應、就業選擇、監管*等決策時，該信息的重要程度。（即「信息的*決策作用*」）

「公共關係價值」指，信息對利益相關者願意（或不願意）與企業*建立、維持或改善關係的態度*的影響程度。（即「信息的*社交作用*」）

呈报形式一

　　公司遵循量力而行、權責清晰、誠實守信的捐贈原則，持續回報社會。2014年對外捐贈共計1,553.6萬元，其中公益性捐贈1,108.6萬元，非公益救濟性捐贈445.0萬元。

信息決策價值： 1 2 3 4 5 6　　公共關係價值： 1 2 3 4 5 6

:呈报形式二:

指标	2013年	2014年	2015年
公司捐赠支出（人民币万元）	24 517	12 490	11 185
其中，定点扶贫投入（人民币万元）	4 078	4 649	4 511
援青援藏投入（人民币万元）	2 187	2 250	2 114

信息決策價值： 1 2 3 4 5 6   公共關係價值： 1 2 3 4 5 6

:呈报形式三:

2014年，本公司慈善基金會公益捐贈金額 **3,830萬元**   歷年累計捐贈金額 **1,573.5億元**

信息決策價值： 1 2 3 4 5 6   公共關係價值： 1 2 3 4 5 6

:呈报形式四:

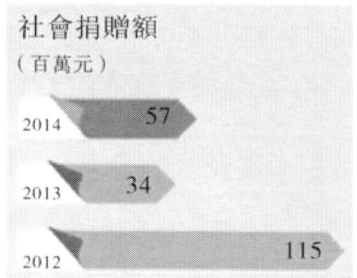

一级指标	二级指标	2014年公司表现
社会贡献	对外捐赠额（百万元）	57

社會捐贈額（百萬元）
2014 57
2013 34
2012 115

信息決策價值： 1 2 3 4 5 6   公共關係價值： 1 2 3 4 5 6

B9 以下是我們從企業社會責任報告中摘取的「*披露了每股社會貢獻值*」信息的*四種呈報形式*，請您就每一種呈報形式信息的決策價值和公共關係價值進行打分，在相應分值上用黃色熒光筆標註。打分標準如下表所示：

等級	完全不重要	不重要	有點不重要	有點重要	重要	非常重要
對應分值	1	2	3	4	5	6

「信息決策價值」指，信息使用者做出諸如*投資、借貸、產品或服務的購買、供應、就業選擇、監管*等決策時，該信息的重要程度。(即「信息的*決策作用*」)

「公共關係價值」指，信息對利益相關者願意（或不願意）與企業*建立、維持或改善關係的態度*的影響程度。(即「信息的*社交作用*」)

呈報形式一

每股社會貢獻值是企業對社會各方利益群體貢獻的綜合體現，在推動企業社會責任承擔方面具有重大意義。2014年，集團的每股社會貢獻值為2.36元/股（2013年追溯調整后為1.90元/股）。

信息決策價值： 1 2 3 4 5 6　　公共關係價值： 1 2 3 4 5 6

呈報形式二

社会绩效			
关键绩效指标	单位	2014年	2013年
每股社会贡献值	元	4.19	3.34

信息決策價值： 1 2 3 4 5 6　　公共關係價值： 1 2 3 4 5 6

:呈报形式三:

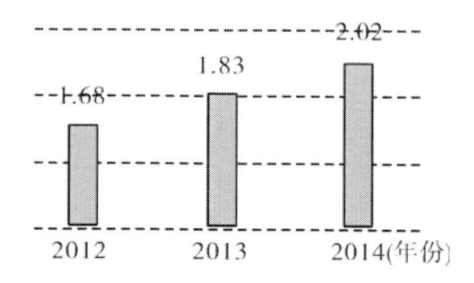

每股社會貢獻值/元

```
                            2.02
              1.83
  1.68
  2012        2013        2014(年份)
```

| 信息決策價值： 1 2 3 4 5 6   公共關係價值： 1 2 3 4 5 6 |

:呈报形式四:

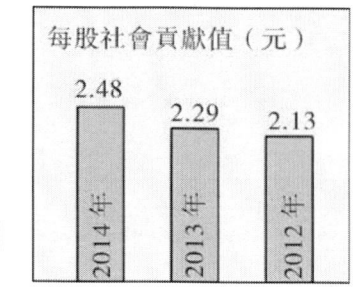

每股社會貢獻值（元）

```
  2.48
         2.29
                2.13
  2014年  2013年  2012年
```

社會領域指標	單位	2014年	2013年	2012年
每股社會貢獻值	元	2.48	2.29	2.13

| 信息決策價值： 1 2 3 4 5 6   公共關係價值： 1 2 3 4 5 6 |

B10 以下是我們從企業社會責任報告中摘取的「*採購政策中鼓勵社會責任*」信息的*四種呈報形式*，請您就每一種呈報形式信息的決策價值和公共關係價值進行打分，在相應分值上用黃色熒光筆標註。打分標準如下表所示：

等級	完全不重要	不重要	有點不重要	有點重要	重要	非常重要
對應分值	1	2	3	4	5	6

「信息決策價值」指，信息使用者做出諸如*投資、借貸、產品或服務的購買、供應、就業選擇、監管*等決策時，該信息的重要程度。(即「信息的*決策作用*」)

「公共關係價值」指，信息對利益相關者願意（或不願意）與企業*建立、維持或改善關係的態度*的影響程度。(即「信息的*社交作用*」)

呈報形式一

公司將嚴格的社會責任要求融入採購管理，編製了 19 類產品供應商認證審核模板，設置了「環境、社會和治理」檢查模塊，從節能減排、用工管理、健康安全管理、誠信經營等方面對供應商提出了明確要求。部分產品採購要求供應商必須通過 ISO14001 環境管理體系標準認證及 SA8000（社會責任國際標準體系）等相關認證。

信息決策價值： 1 2 3 4 5 6　　公共關係價值： 1 2 3 4 5 6

呈報形式二

項目	2013 年主要目標	2013 年完成狀況
实现共同发展	通过绿色伙伴认证的供应商超过 30 家	■ 升级 GP（绿色伙伴）为 GP2.0 ■ 完成 34 家供应商的绿色伙伴认证
	新供应商 CSR 认证率 100%，CSR/EHS 协议签署率 100%	■ 2013 年，完成新供应商审核 39 家，审核率 100% ■ 新供应商 CSR/EHS 协议签署率 100%

信息決策價值： 1 2 3 4 5 6　　公共關係價值： 1 2 3 4 5 6

| 呈报形式三 |

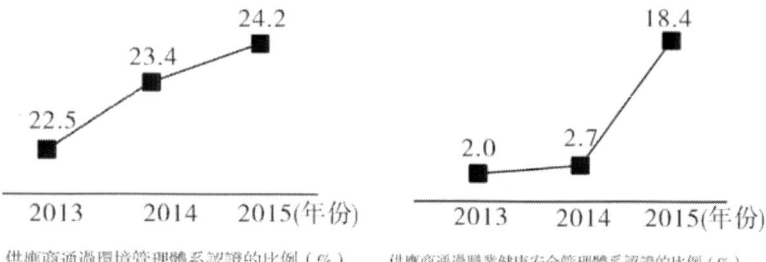

供應商通過環境管理體系認證的比例（%）

22.5　23.4　24.2
2013　2014　2015(年份)

供應商通過職業健康安全管理體系認證的比例（%）

2.0　2.7　18.4
2013　2014　2015(年份)

信息決策價值： 1 2 3 4 5 6　　公共關係價值： 1 2 3 4 5 6

| 呈报形式四 |

資材備件供應商通過環境管理體系認證情況
通過認證（家）　　通過率（%） 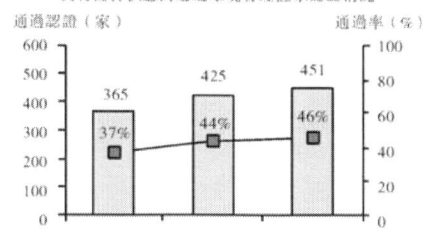

365　425　451
37%　44%　46%

諸材备件供应商通过环境管理体系认证情况

項目	2012 年	2013 年	2014 年
通过认证供应商数目（家）	365	425	451
体系认证通过率（%）	37	44	46

信息決策價值： 1 2 3 4 5 6　　公共關係價值： 1 2 3 4 5 6

B11 以下是我們從企業社會責任報告中摘取的「*排放污染及廢物的識別*」信息的*四種呈報形式*，請您就每一種呈報形式信息的決策價值和公共關係價值進行打分，在相應分值上用黃色熒光筆標註。打分標準如下表所示：

等級	完全不重要	不重要	有點不重要	有點重要	重要	非常重要
對應分值	1	2	3	4	5	6

「信息決策價值」指，信息使用者做出諸如*投資、借貸、產品或服務的購買、供應、就業選擇、監管*等決策時，該信息的

重要程度。(即「信息的*決策作用*」)

「公共關係價值」指,信息對利益相關者願意(或不願意)與企業*建立、維持或改善關係的態度*的影響程度。(即「信息的*社交作用*」)

呈报形式一

　　2015 年,企業完成替代電量 760 億千瓦時,相當於減少 3,400 萬噸標準煤消耗,減排二氧化碳 6,000 萬噸,減少二氧化硫、氮氧化物等污染物排放 139 萬噸。

信息決策價值: 1 2 3 4 5 6　　公共關係價值: 1 2 3 4 5 6

呈报形式二

指标名称	单位	2014年	2013年	同比变化(%)
发电业务SO₂排放量	万吨	14.3	17.2 ▽	16.86
发电业务NOₓ排放量	万吨	26	38.0 ▽	31.58
化学需氧量排放量	万吨	0.27	0.31 ▽	12.9

信息決策價值: 1 2 3 4 5 6　　公共關係價值: 1 2 3 4 5 6

呈报形式三

2014年火電業務大氣污染排放情況(克/千瓦時)
□本公司水平
■全國平均水平

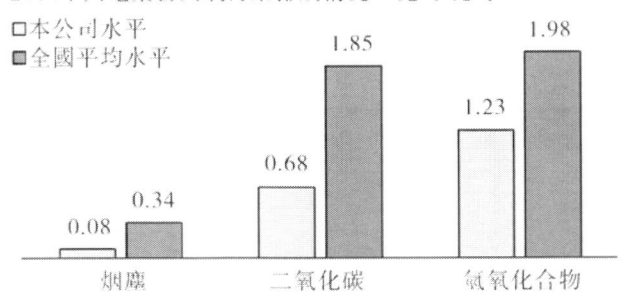

烟塵: 0.08 / 0.34
二氧化碳: 0.68 / 1.85
氮氧化合物: 1.23 / 1.98

信息決策價值: 1 2 3 4 5 6　　公共關係價值: 1 2 3 4 5 6

呈报形式四

序号	项目	全年指标	全年完成
1	SO₂排放量（吨）	5988.6	5101
2	氮氧化物排放量（吨）	5441	4505

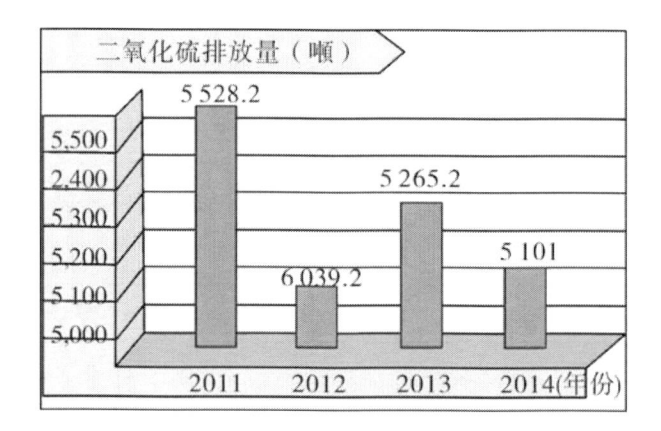

二氧化硫排放量（吨）

- 2011: 5 528.2
- 2012: 6 039.2
- 2013: 5 265.2
- 2014: 5 101

信息決策價值： 1 2 3 4 5 6　　　公共關係價值： 1 2 3 4 5 6

B12 以下是我們從企業社會責任報告中摘取的「*採取相關污染措施*」信息的*四種呈報形式*，請您就每一種呈報形式信息的決策價值和公共關係價值進行打分，在相應分值上用黃色熒光筆標註。打分標準如下表所示：

等級	完全不重要	不重要	有點不重要	有點重要	重要	非常重要
對應分值	1	2	3	4	5	6

「信息決策價值」指，信息使用者做出諸如*投資、借貸、產品或服務的購買、供應、就業選擇、監管*等決策時，該信息的重要程度。（即「信息的*決策作用*」）

「公共關係價值」指，信息對利益相關者願意（或不願意）與企業*建立、維持或改善關係的態度*的影響程度。（即「信息的*社交作用*」）

[呈报形式一]

　　2014 年，公司共處理廢棄物 8,089 噸，其中 97.63% 實現回收再利用，只有 2.37% 的廢棄物採取符合環保法規要求的填埋處理。

信息決策價值： 1　2　3　4　5　6　　公共關係價值： 1　2　3　4　5　6

[呈报形式二]

年份	廢棄物處理量（噸）	填埋率(%)
2011年	7,403	4%
2012年	7,336	3.4%
2013年	**9,220**	**2.57%**

信息決策價值： 1　2　3　4　5　6　　公共關係價值： 1　2　3　4　5　6

[呈报形式三]

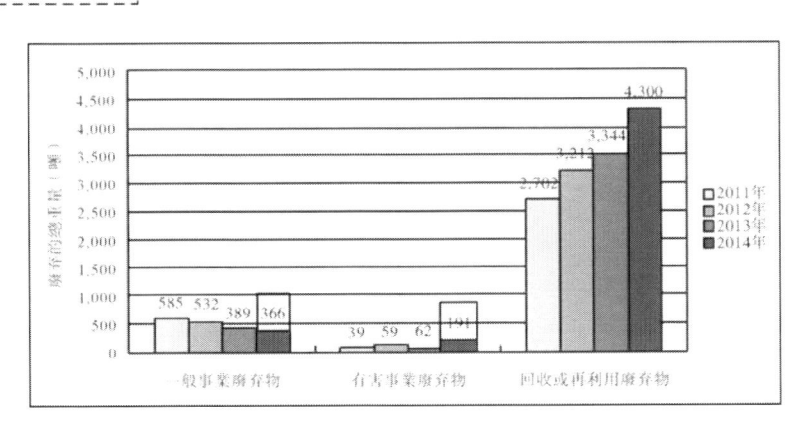

柱状图数据（廢棄物處理量，噸）：

类别	2011年	2012年	2013年	2014年
一般事業廢棄物	585	532	389	366
有害事業廢棄物	39	59	62	191
回收或再利用廢棄物	2,702	3,212	3,344	4,300

信息決策價值： 1　2　3　4　5　6　　公共關係價值： 1　2　3　4　5　6

附錄　201

呈报形式四

有害废弃物 单位：吨

处理方式 厂区	回收	掩埋	焚化	物化
张江厂	0.00	1.26	92.75	53.35
金桥厂	18.25	0.00	111.26	0.00
深圳厂	64.93	0.00	27.64	0.00
昆山厂	0.00	0.00	4.36	0.00

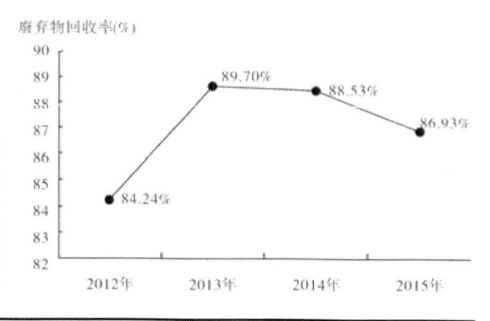

廢弃物回收率(%)

2012年 84.24%　2013年 89.70%　2014年 88.53%　2015年 86.93%

信息決策價值： 1 2 3 4 5 6　　公共關係價值： 1 2 3 4 5 6

B13 以下是我們從企業社會責任報告中摘取的「*識別能源、水的來源*」信息的*四種呈報形式*，請您就每一種呈報形式信息的決策價值和公共關係價值進行打分，在相應分值上用黃色熒光筆標註。打分標準如下表所示：

等級	完全不重要	不重要	有點不重要	有點重要	重要	非常重要
對應分值	1	2	3	4	5	6

「信息決策價值」指，信息使用者做出諸如*投資、借貸、產品或服務的購買、供應、就業選擇、監管*等決策時，該信息的重要程度。（即「信息的*決策作用*」）

「公共關係價值」指，信息對利益相關者願意（或不願意）與企業*建立、維持或改善關係的態度*的影響程度。（即「信息的*社交作用*」）

[呈報形式一]

  2014 年報告期內資源利用或消耗數據：（1）水資源：8,377,364 立方米/年；（2）電能：421,765,752 千瓦時/年，折標煤：51,835,011 千克標煤/年；（3）其他能耗折標煤：122,713,255 千克標煤/年。

信息決策價值： 1 2 3 4 5 6　　公共關係價值： 1 2 3 4 5 6

[呈報形式二]

能源名稱	計量單位	2011年	2012年	2013年	2014年
天然氣	万立方米	630	450	423	490.64
汽油	吨	1,474	1,543	1,668	390
柴油	吨	57	48	60	46
電力	万千瓦时	71,795	86,885	94,158	113,235

信息決策價值： 1 2 3 4 5 6　　公共關係價值： 1 2 3 4 5 6

[呈報形式三]

集團使用的各類能源折合成標準煤占比

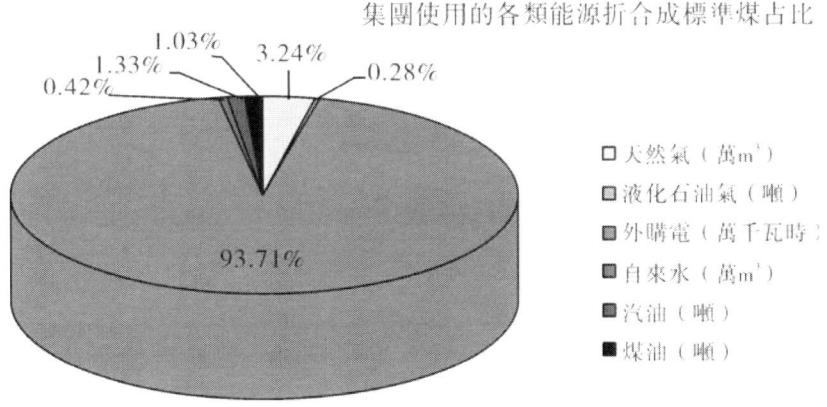

- 93.71%
- 3.24%
- 1.33%
- 1.03%
- 0.42%
- 0.28%

□ 天然氣（萬m³）
■ 液化石油氣（噸）
■ 外購電（萬千瓦時）
■ 自來水（萬m³）
■ 汽油（噸）
■ 煤油（噸）

信息決策價值： 1 2 3 4 5 6　　公共關係價值： 1 2 3 4 5 6

呈报形式四

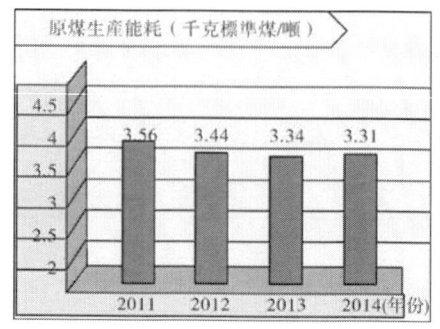

原煤生産能耗（千克標準煤/噸）

	2011	2012	2013	2014(年份)
	3.56	3.44	3.34	3.31

項目		全年指標	全年完成
能源消費實物量	原煤（噸）	4280	4860
	中煤（噸）	127600	150500
	煤泥（噸）	70600	920065
	电力（千瓦时）	87852	109850

信息決策價值： 1 2 3 4 5 6　　公共關係價值： 1 2 3 4 5 6

B14 以下是我們從企業社會責任報告中摘取的「*能源、水的節約措施*」信息的*四種呈報形式*，請您就每一種呈報形式信息的決策價值和公共關係價值進行打分，在相應分值上用黃色熒光筆標註。打分標準如下表所示：

等級	完全不重要	不重要	有點不重要	有點重要	重要	非常重要
對應分值	1	2	3	4	5	6

「信息決策價值」指，信息使用者做出諸如*投資、借貸、產品或服務的購買、供應、就業選擇、監管*等決策時，該信息的重要程度。（即「信息的*決策作用*」）

「公共關係價值」指，信息對利益相關者願意（或不願意）與企業*建立、維持或改善關係的態度*的影響程度。（即「信息的*社交作用*」）

204　企業社會責任報告決策價值研究——基於呈報格式和使用者認知的視角

[呈报形式一]

　　2015 年，公司細化落實「節煤、節水、節電」競賽指標，量化工作責任和措施。通過競賽，公司同比節約各類用煤 15,837 噸、節水 157 萬立方米。

信息決策價值：1 2 3 4 5 6　　公共關係價值：1 2 3 4 5 6

[呈报形式二]

		2013年(百万吨)	2014年(百万吨)	同比變化量(百万吨)
工業廢水	產生量	59.9	48.0	∨ 11.9
	利用量	41.4	40.3	∨ 1.1

信息決策價值：1 2 3 4 5 6　　公共關係價值：1 2 3 4 5 6

[呈报形式三]

循環和再利用水的總量/中水系統/噸

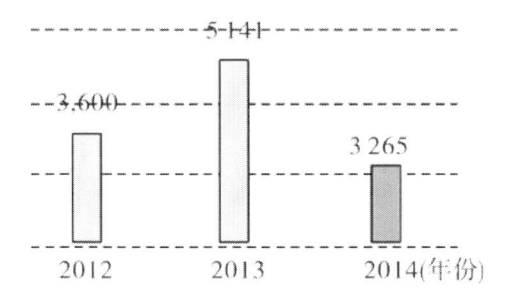

2012	2013	2014(年份)
3,600	5,141	3,265

信息決策價值：1 2 3 4 5 6　　公共關係價值：1 2 3 4 5 6

呈報形式四

項目	2014 年度	2015 年年度
總耗水量（單位：立方米/年）	8 377 364	8 716 937
萬元產值耗水量（立方米/萬元）	8.23	7.89
總循環用水量（立方米）	136 637	871 123

循環用水總量是2014年循環用水總量的 6.38 倍

萬元不資源消耗強度下降了 0.34 噸/萬元，較2014年同比下降 4.1%

信息決策價值： 1 2 3 4 5 6　　公共關係價值： 1 2 3 4 5 6

B15 以下是我們從企業社會責任報告中摘取的「*測量、記錄及報告溫室氣體排放量*」信息的*四種呈報形式*，請您就每一種呈報形式信息的決策價值和公共關係價值進行打分，在相應分值上用黃色熒光筆標註。打分標準如下表所示：

等級	完全不重要	不重要	有點不重要	有點重要	重要	非常重要
對應分值	1	2	3	4	5	6

「信息決策價值」指，信息使用者做出諸如*投資、借貸、產品或服務的購買、供應、就業選擇、監管*等決策時，該信息的重要程度。（即「信息的*決策作用*」）

「公共關係價值」指，信息對利益相關者願意（或不願意）與企業*建立、維持或改善關係的態度*的影響程度。（即「信息的*社交作用*」）

呈報形式一

2014 年，公司通過飛行、運行節油管理措施累計節約燃油約 42,000 噸，降低二氧化碳排放 132,300 噸。

信息決策價值： 1 2 3 4 5 6　　公共關係價值： 1 2 3 4 5 6

[呈报形式二]

温室气体	CO₂	CH₄	N₂O	HFCs	PFCs	SF₆	六种温室气体排放量（吨）
排放量(t-CO₂e)	1 051 431.58	5 938.10	44.85	14 418.00	0.00	0.00	1 071 832.53
占总排放量比例(%)	98.10	0.55	0.004	1.35	0.00	0.00	100.00

信息決策價值： 1 2 3 4 5 6　　公共關係價值： 1 2 3 4 5 6

[呈报形式三]

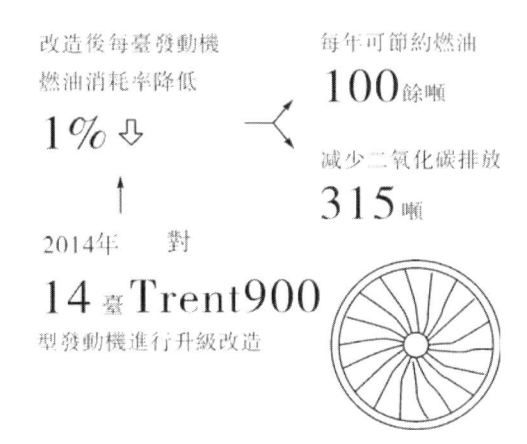

改造後每臺發動機燃油消耗率降低 1%↓

每年可節約燃油 100 餘噸

減少二氧化碳排放 315 噸

2014年 對 14 臺 Trent900 型發動機進行升級改造

信息決策價值： 1 2 3 4 5 6　　公共關係價值： 1 2 3 4 5 6

[呈报形式四]

指标名称	2012 年	2013 年	2014 年
CO₂ 排放总量（百万吨）	11.63	12.22	13.58[1]
碳排放强度（tCO₂e/万元）	0.190	0.185	0.205

節約紙張 887 噸/年

相當于減少二氧化碳排放 2,040 噸

信息決策價值： 1 2 3 4 5 6　　公共關係價值： 1 2 3 4 5 6

附錄 207

B16 以下是我們從企業社會責任報告中摘取的「*年度環保投資額*」信息的*四種呈報形式*，請您就每一種呈報形式信息的決策價值和公共關係價值進行打分，在相應分值上用黃色熒光筆標註。打分標準如下表所示：

等級	完全不重要	不重要	有點不重要	有點重要	重要	非常重要
對應分值	1	2	3	4	5	6

「信息決策價值」指，信息使用者做出諸如*投資、借貸、產品或服務的購買、供應、就業選擇、監管*等決策時，該信息的重要程度。（即「信息的*決策作用*」）

「公共關係價值」指，信息對利益相關者願意（或不願意）與企業*建立、維持或改善關係的態度*的影響程度。（即「信息的*社交作用*」）

┌─呈报形式一─┐

　　2015 年，公司投入 14,664.58 萬元，完成 45 項環保項目（國內）。公司繳納排污費 999.16 萬元（國內）。

┌───┐
│ 信息決策價值： 1 2 3 4 5 6　　公共關係價值： 1 2 3 4 5 6 │
└───┘

┌─呈报形式二─┐

单位：USD

支出項目	2015 年支出費用
污染防治	173,331
氣候變遷預防	291,063
廢棄物減量、回收、處理	369,865
其它	1,048,218
合計	1,882,447

┌───┐
│ 信息決策價值： 1 2 3 4 5 6　　公共關係價值： 1 2 3 4 5 6 │
└───┘

呈报形式三

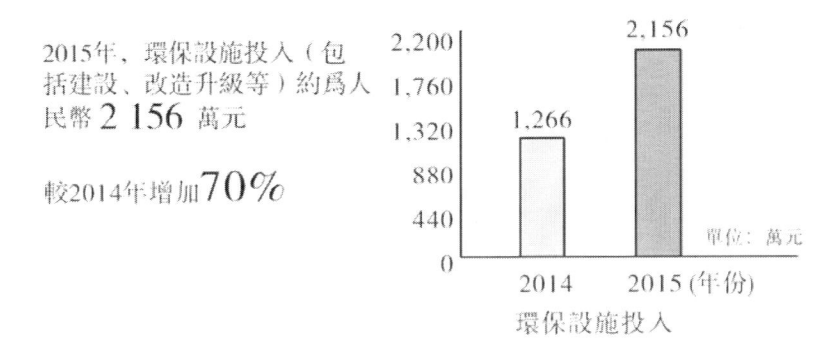

2015年，環保設施投入（包括建設、改造升級等）約為人民幣 2 156 萬元

較2014年增加 70%

| 信息決策價值： 1 2 3 4 5 6　　公共關係價值： 1 2 3 4 5 6 |

呈报形式四

業務板塊	環保投入
煤炭業務	347.7
电力業務	1 493.3
煤化工業務	0.3
运输業務	219.5
合计	2,060.8

199.91
1 404.43
170.35
236.75
49.3

| 信息決策價值： 1 2 3 4 5 6　　公共關係價值： 1 2 3 4 5 6 |

B17 以下是我們從企業社會責任報告中摘取的「*防腐政策及做法*」信息的*四種呈報形式*，請您就每一種呈報形式信息的決策價值和公共關係價值進行打分，在相應分值上用黃色熒光筆標註。打分標準如下表所示：

等級	完全不重要	不重要	有點不重要	有點重要	重要	非常重要
對應分值	1	2	3	4	5	6

「信息決策價值」指，信息使用者做出諸如*投資、借貸、產品或服務的購買、供應、就業選擇、監管*等決策時，該信息的重要程度。(即「信息的*決策作用*」)

「公共關係價值」指，信息對利益相關者願意（或不願意）與企業*建立、維持或改善關係的態度*的影響程度。(即「信息的*社交作用*」)

:呈报形式一:

　　集團將懲防體系建設 65 項任務分解到 29 個牽頭和協辦部門（單位），促進廉政建設各項任務的完成。2014 年，集團共查處問題 104 件，給予 108 人行政處分。

| 信息決策價值： 1 2 3 4 5 6　　公共關係價值： 1 2 3 4 5 6 |

:呈报形式二:

反腐倡廉专项教育活动名称	2013年培训人次	2014年培训人次
上级部门纪检监察业务培训	0	53
新任领导人员廉洁从业专题教育培训	11	87
专题党课教育	2565	1949
组织集中观看警示教育片	4917	4222
反腐倡廉谈话	1708	1675

| 信息決策價值： 1 2 3 4 5 6　　公共關係價值： 1 2 3 4 5 6 |

呈報形式三

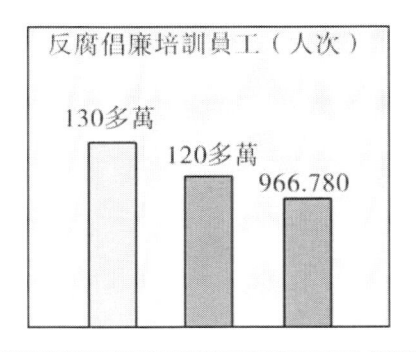

反腐倡廉培訓員工（人次）

130多萬　120多萬　966,780

信息決策價值：1　2　3　4　5　6　　公共關係價值：1　2　3　4　5　6

呈報形式四

指標名稱	2012年	2013年	2014年
年度开展反腐倡廉教育活动数量（场次）	—	3,908	3,071
年度接受反腐教育和培训人次数（人次）	471,200	428,146	461,137
年度处理的腐败案件数（件）	16	16	54
年度国有企业内被查处和受到处分的人数（人）	17	16	87

70%以上員工　90%以上幹部

3,000余场　46万余人次

信息決策價值：1　2　3　4　5　6　　公共關係價值：1　2　3　4　5　6

B18 以下是我們從企業社會責任報告中摘取的「*產品或服務的技術創新*」信息的*四種呈報形式*，請您就每一種呈報形式信息的決策價值和公共關係價值進行打分，在相應分值上用黃色熒光筆標註。打分標準如下表所示：

等級	完全不重要	不重要	有點不重要	有點重要	重要	非常重要
對應分值	1	2	3	4	5	6

「信息決策價值」指，信息使用者做出諸如*投資*、*借貸*、*產品或服務的購買*、*供應*、*就業選擇*、*監管*等決策時，該信息的

重要程度。(即「信息的*決策作用*」)

「公共關係價值」指,信息對利益相關者願意(或不願意)與企業*建立、維持或改善關係的態度*的影響程度。(即「信息的*社交作用*」)

:呈报形式一:

　　　　截至 2014 年 12 月 31 日,累計共獲得專利授權 38,825 件。公司累計申請中國專利 48,719 件,外國專利申請累計 23,917 件。

| 信息決策價值: 1 2 3 4 5 6　　公共關係價值: 1 2 3 4 5 6 |

:呈报形式二:

指标	2012年	2013年	2014年
本年度申请专利数(件)	3893	4442	4968
本年度授权专利数(件)	1451	2388	3011

| 信息決策價值: 1 2 3 4 5 6　　公共關係價值: 1 2 3 4 5 6 |

:呈报形式三:

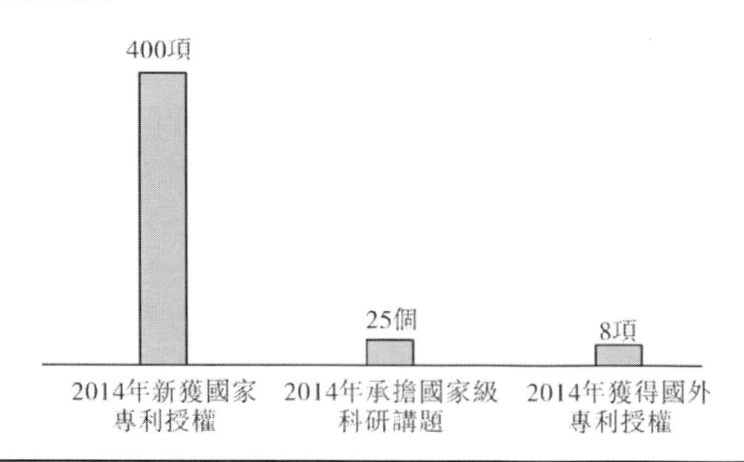

400項 — 2014年新獲國家專利授權
25個 — 2014年承擔國家級科研講題
8項 — 2014年獲得國外專利授權

| 信息決策價值: 1 2 3 4 5 6　　公共關係價值: 1 2 3 4 5 6 |

呈报形式四

一级指标	二级指标	三级指标	2013年公司表现
科技创新	知识产权申请	獲得專利授權（項）	399
		其中：發明專利授權（項）	75

2011年：270（專利授權）、33（發明專利授權）
2012年（重述）：306、72
2013年：399、75

□ 專利授權　■ 發明專利授權

信息決策價值： 1　2　3　4　5　6　　公共關係價值： 1　2　3　4　5　6

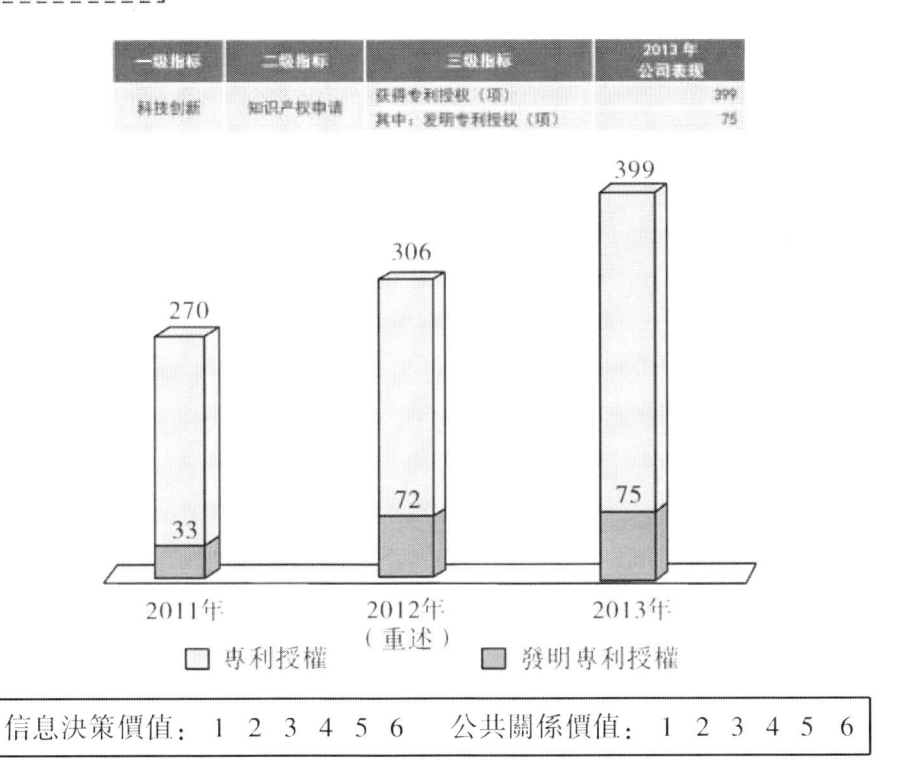

B19 以下是我們從企業社會責任報告中摘取的「*客戶滿意度調查*」信息的*四種呈報形式*，請您就每一種呈報形式信息的決策價值和公共關係價值進行打分，在相應分值上用黃色熒光筆標註。打分標準如下表所示：

等級	完全不重要	不重要	有點不重要	有點重要	重要	非常重要
對應分值	1	2	3	4	5	6

「信息決策價值」指，信息使用者做出諸如*投資、借貸、產品或服務的購買、供應、就業選擇、監管*等決策時，該信息的重要程度。（即「信息的*決策作用*」）

「公共關係價值」指，信息對利益相關者願意（或不願意

與企業<u>建立、維持或改善關係的態度</u>的影響程度。(即「信息的<u>社交作用</u>」)

┌╌╌╌╌╌╌╌╌┐
╎呈报形式一╎
└╌╌╌╌╌╌╌╌┘

  2015 集團各制藥成員企業均開展客戶滿意度調查，2015年集團各醫療服務成員企業客戶滿意度均在 92%以上。醫學診斷成員企業 2015 年針對經銷商及醫院客戶共發放客戶滿意度調查 200 多次。

信息決策價值： 1 2 3 4 5 6   公共關係價值： 1 2 3 4 5 6

┌╌╌╌╌╌╌╌╌┐
╎呈报形式二╎
└╌╌╌╌╌╌╌╌┘

指标	2013年	2014年	2015年
润滑油销售客户满意度（%）	79.6	80.8	80.9
化工销售客户满意度（%）	92.9	94.3	89.7

信息決策價值： 1 2 3 4 5 6   公共關係價值： 1 2 3 4 5 6

┌╌╌╌╌╌╌╌╌┐
╎呈报形式三╎
└╌╌╌╌╌╌╌╌┘

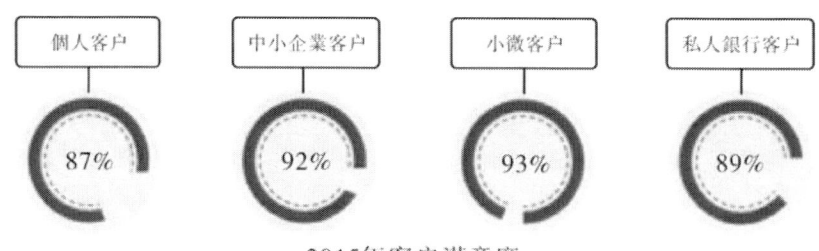

個人客戶	中小企業客戶	小微客戶	私人銀行客戶
87%	92%	93%	89%

2015年客户滿意度

信息決策價值： 1 2 3 4 5 6   公共關係價值： 1 2 3 4 5 6

「呈报形式四」

年度	回复满意度（%）
2015年	90.61
2014年	93.56
2013年	91.49

95.31%
服务评价器满意率
13.46%

信息決策價值： 1 2 3 4 5 6　　公共關係價值： 1 2 3 4 5 6

B20 以下是我們從企業社會責任報告中摘取的「<u>客戶的投訴情況</u>」信息的<u>四種呈報形式</u>，請您就每一種呈報形式信息的決策價值和公共關係價值進行打分，在相應分值上用黃色熒光筆標註。打分標準如下表所示：

等級	完全不重要	不重要	有點不重要	有點重要	重要	非常重要
對應分值	1	2	3	4	5	6

「信息決策價值」指，信息使用者做出諸如<u>投資、借貸、產品或服務的購買、供應、就業選擇、監管</u>等決策時，該信息的重要程度。（即「信息的<u>決策作用</u>」）

「公共關係價值」指，信息對利益相關者願意（或不願意）與企業<u>建立、維持或改善關係的態度</u>的影響程度。（即「信息的<u>社交作用</u>」）

「呈报形式一」

　　2015 年全系統共受理客戶投訴 7,000 件次，同比下降 14%，未發生系統性風險。9 天投訴結案率 100%，同比上升 3.95%，理賠 5 日結案率 98.48%，同比上升 1.76%。

信息決策價值： 1 2 3 4 5 6　　公共關係價值： 1 2 3 4 5 6

附錄 215

┌─────────────┐
│ 呈报形式二 │
└─────────────┘

绩效指标		2014年	2013年	2012年
健康险	健康险客户投诉处理时效	2个工作日	2.1个工作日	2.5个工作日
	健康险理赔处理时效	5日结案率99%	5日结案率96%	5日结案率92%

┌──┐
│ 信息決策價值： 1 2 3 4 5 6   公共關係價值： 1 2 3 4 5 6 │
└──┘

┌─────────────┐
│ 呈报形式三 │
└─────────────┘

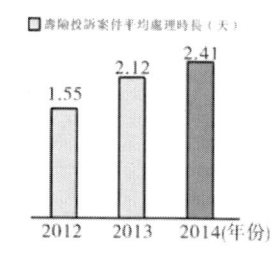

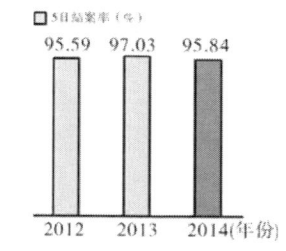

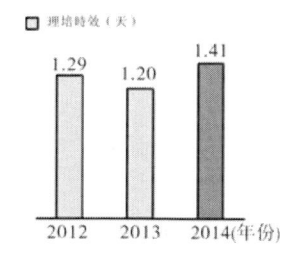

寿险投诉案件平均处理时长（天）
- 2012: 1.55
- 2013: 2.12
- 2014: 2.41

5日结案率（%）
- 2012: 95.59
- 2013: 97.03
- 2014: 95.84

理赔时效（天）
- 2012: 1.29
- 2013: 1.20
- 2014: 1.41

┌──┐
│ 信息決策價值： 1 2 3 4 5 6   公共關係價值： 1 2 3 4 5 6 │
└──┘

┌─────────────┐
│ 呈报形式四 │
└─────────────┘

产险 投诉处理及时率：95.00%
养老险 理赔7日结案率：93.31%

绩效指标		2014年	2013年	2012年
产险	产险投诉处理及时率(%)	95	98.02	97.94
	养老险投诉处理时效(小时)	54.9	52.6	79.94

┌──┐
│ 信息決策價值： 1 2 3 4 5 6   公共關係價值： 1 2 3 4 5 6 │
└──┘

第三部分

請用黃色熒光筆標註合適的選項。

C1. 您的年齡是：

A. 25 歲以下；　　　　　B. 26~30 歲；

C. 31~40 歲；　　　　　D. 41~50 歲；

E. 51~60 歲；　　　　　F. 61 歲及以上

C2. 您的性別是：

A. 男；　　　　　　　　B. 女

C3. 您的學歷是：

A. 博士（生）；　　　　B. 碩士（生）；

C. 本科；　　　　　　　D. 專科及以下

C4. 您的專業是：

A. 財務會計類（包括審計）；

B. 經濟、管理類非財務會計方向；

C. 社會學類；

D. 其他

C5. 您的職業：

A. 審計師、資產評估師；

B. 證券分析師；

C. 企事業單位財務、會計；

D. 高校、研究機構專家學者；

E. 學生；

F. 其他＿＿＿＿＿＿＿（請填寫）。

國家圖書館出版品預行編目(CIP)資料

企業社會責任報告決策價值研究──基於呈報格式和使用者認知的視角 / 張正勇 著. -- 第一版. -- 臺北市：崧博出版：崧燁文化發行, 2018.09
　　面 ；　 公分

ISBN 978-957-735-477-8(平裝)

1.企業社會學 2.中國

490.15　　　107015220

書　名：企業社會責任報告決策價值研究──基於呈報格式和使用者認知的視角
作　者：張正勇 著
發行人：黃振庭
出版者：崧博出版事業有限公司
發行者：崧燁文化事業有限公司
E-mail：sonbookservice@gmail.com
粉絲頁　　　　　　　網　址：
地　址：台北市中正區重慶南路一段六十一號八樓815室
8F.-815, No.61, Sec. 1, Chongqing S. Rd., Zhongzheng Dist., Taipei City 100, Taiwan (R.O.C.)
電　話：(02)2370-3310　傳　真：(02) 2370-3210
總經銷：紅螞蟻圖書有限公司
地　址：台北市內湖區舊宗路二段 121 巷 19 號
電　話：02-2795-3656　傳真：02-2795-4100　網址：
印　刷：京峯彩色印刷有限公司（京峰數位）

本書版權為西南財經大學出版社所有授權崧博出版事業有限公司獨家發行電子書繁體字版。若有其他相關權利及授權需求請與本公司聯繫。

定價：400 元
發行日期：2018 年 9 月第一版
◎ 本書以POD印製發行